U0273415

张鹤平　主编

林地养肉牛

疾病防治技术

 化学工业出版社

·北京·

图书在版编目（CIP）数据

林地养肉牛疾病防治技术/张鹤平主编．—北京：
化学工业出版社，2016.7
ISBN 978-7-122-27117-4

Ⅰ．①林… Ⅱ．①张… Ⅲ．①肉牛-牛病-防治

Ⅳ．①S858.23

中国版本图书馆 CIP 数据核字（2016）第 111411 号

责任编辑：邵桂林　　　　　　　文字编辑：李　瑾
责任校对：宋　玮　　　　　　　装帧设计：韩　飞

出版发行：化学工业出版社（北京市东城区青年河南街 13 号　邮政编码 100011）
印　　装：大厂聚鑫印刷有限责任公司
850mm×1168mm　1/32　印张 6½　字数 110 千字
2016 年 10 月北京第 1 版第 1 次印刷

购书咨询：010-64518888（传真：010-64519686）　售后服务：010-64518899
网　　址：http://www.cip.com.cn
凡购买本书，如有缺损质量问题，本社销售中心负责调换。

定　　价：25.00 元　　　　　　　　　　版权所有　违者必究

本书编写人员

主　　编　张鹤平

编写人员　张鹤平　刘建钗　乔海云

● 前 言

　　林地生态养殖生产的畜禽产品（蛋、肉）具有口味好、无农药残留等特点，属于绿色、生态产品，是广大消费者喜欢的放心、安全食品，消费市场需求巨大。目前全国各地林地生态养殖项目蓬勃发展，林地生态养殖畜禽成为各地大力发展的养殖方式。生产中养殖户对林地生态养殖的技术知识和先进技术需求迫切。

　　疾病防控技术是畜禽林地生态养殖技术的关键环节，关系到林地生态养殖的成功与否。由于畜禽林地养殖，尤其是生态散放养时畜禽生长环境相对开放，不同季节的气候条件各异，所以畜禽林地生态散放养与常规舍饲养殖相比，畜禽的发病规律有其特殊性，防治也具有难度性，防治方法不能完全照搬常规饲养条件下畜禽疾病的防治方法。畜禽林地养殖疾病的防治技术是当前养殖场（户）亟需的技术，但畜禽林地养殖疾病防控技术还不规范，涉及这方面的科技书籍也较少。

　　本书详细介绍林地生态养肉牛疾病防治技术，为林地生态养肉牛提供最新的技术支持。我们根据近年来林地生态养肉牛的生产实践经验和科研积累的资料编写本书，以期对从事林地生态养肉牛的养殖场（户）有所帮助。

由于林地养肉牛这项新技术还有待完善，加之笔者水平有限，书中疏漏之处在所难免，敬请广大读者批评指正。

编者

2016 年 5 月

目 录

第一章 概述

第一节 林地养肉牛疾病综合防控技术 ………………… 2

一、场址选择、场内布局 ………………… 2

二、水源水质 ………………… 8

三、严格执行各项规章制度 ………………… 10

四、加强饲养管理，搞好环境卫生 ………………… 15

五、发生疫情时采取的措施 ………………… 17

六、牛场消毒技术 ………………… 19

七、免疫接种 ………………… 25

八、驱虫 ………………… 31

第二节 林地养肉牛疾病发生特点 ………………… 34

一、传染病的发生和防治 ………………… 34

二、寄生虫病的发生和防治 ………………… 38

三、营养代谢疾病的发生和防治 ………………… 45

四、中毒性疾病的发生和防治 ………………… 50

五、 林地养肉牛疾病防控特点 •••••••••••••••••• 54

第二章　林地养肉牛的饲养管理

第一节　肉牛的饲养管理技术 •••••••••••••••••••• 56

一、 后备母牛的饲养管理 •••••••••••••••••••••••• 56

二、 妊娠母牛的饲养管理 •••••••••••••••••••••••• 58

三、 围产期母牛的饲养管理 •••••••••••••••••••• 61

四、 哺乳母牛的饲养管理 •••••••••••••••••••••••• 63

五、 肉用犊牛的饲养管理 •••••••••••••••••••••••• 64

六、 架子牛的饲养管理 •••••••••••••••••••••••••• 71

第二节　肉牛育肥实用技术 •••••••••••••••••••••• 74

一、 三种育肥方式 •••••••••••••••••••••••••••••••• 74

二、 肉牛的育肥技术 •••••••••••••••••••••••••••• 77

三、 肉牛出栏期的确定 •••••••••••••••••••••••••• 90

第三节　肉牛的放牧管理 •••••••••••••••••••••••• 91

一、 放牧饲养的意义 •••••••••••••••••••••••••••• 91

二、 放牧行为特点 •••••••••••••••••••••••••••••• 92

三、 放牧管理技术 •••••••••••••••••••••••••••••• 95

第三章　林地养肉牛疾病诊断与合理用药

第一节　牛病的诊断 •••••••••••••••••••••••••••• 100

一、 肉牛的正常生理指标 •••••••••••••••••••••• 100

二、 牛的临床检查 •••••••••••••••••••••••••••••• 101

三、 病理剖检 ·············· 111

四、 实验室检查 ············· 116

第二节 林地养肉牛合理用药 ········· 118

一、 给药方法和注意事项 ········· 118

二、 科学、 安全用药 ··········· 121

三、 肉牛常用药物的配伍禁忌 ······· 123

第四章 传染病

第一节 病毒性传染病 ············ 125

一、 口蹄疫 ··············· 125

二、 牛传染性鼻气管炎 ·········· 128

三、 牛病毒性腹泻-黏膜病 ········· 131

第二节 细菌性传染病 ············ 133

一、 布鲁菌病 ·············· 133

二、 牛结核病 ·············· 136

三、 气肿疽 ··············· 138

四、 巴氏杆菌病 ············· 141

五、 沙门菌病 ·············· 143

六、 犊牛大肠杆菌病 ··········· 145

七、 牛放线菌病 ············· 147

八、 牛炭疽病 ·············· 148

九、 牛破伤风 ·············· 150

第三节 寄生虫病 ·············· 151

一、牛螨病 ·················· 151

二、球虫病 ·················· 154

三、肝片形吸虫病 ·············· 156

第四节 支原体传染病 ············ 157

一、牛肺疫 ·················· 157

二、牛传染性支原体肺炎 ·········· 160

第五章 普通病

一、乳房炎 ·················· 163

二、蹄叶炎 ·················· 165

三、瘤胃酸中毒 ··············· 166

四、牛瘤胃臌气 ··············· 168

五、生产瘫痪（产后瘫痪） ········ 170

六、牛酮病 ·················· 172

七、胎衣不下 ················ 174

八、子宫内膜炎 ··············· 177

九、皱胃变位 ················ 179

附录1 ····················· 183

附录2 ····················· 187

附录3 ····················· 189

参考文献

第一章

概　述

　　在适宜的林地条件下，利用林地、果园等种草养牛，将肉牛的生产纳入林业、农业系统中，形成林—草—牛生物链，把农、林、牧有机结合起来，实现资源的综合利用。林地能给牛提供适宜的环境条件，有利于牛的健康。牛耐寒怕热，夏季高温影响牛的生长发育，但在林下养殖肉牛，由于林地有树冠遮阴，林区空气凉爽、湿润，林地温度比外界平均降低 2～3℃，给牛提供了适宜的生长环境。林木可吸收二氧化碳释放氧气，还可净化空气，使空气新鲜，对牛的健康有利。

　　林下肉牛养殖充分考虑牛的生物学特性和行为要求，肉牛自由活动空间较大，饲料使用绿色无污染的林下优质牧草、林下天然牧草，适当添加精饲料，通过科学的饲养管理，能生产出优质的生态牛肉，产品市场价格较高，深受消费者欢迎，市场前景好。林地养肉牛的疾病预防和控制尤其重要，如何有效防治肉牛疾病，是搞好林地养肉牛的关键。

第一节　林地养肉牛疾病综合防控技术

　　林地养肉牛的疾病防治，应严格贯彻"预防为主，防治结合"的方针，根据肉牛的发病规律与特点，采取综合性防治措施，降低发病率、死亡率，提高成活率，确保牛群健康和养牛生产的顺利进行。林地养肉牛疾病的综合防控措施有以下方面的内容。

一、场址选择、场内布局

　　林地养肉牛既不同于规模养殖场，又不同于一家一户传统散养，应该科学选择场址、场内合理布局。在非禁养区内选址，饲养的肉牛与其他畜禽之间要有隔离设施。场址选好后要根据疾病控制的需要对场内进行合理布局。有一定规模的养殖场应划分生活区、生产区、隔离区。一般养殖场应有防晒防寒的栖息场所（圈舍）、放牧（运动）场、病牛隔离治疗、粪便污物堆放、病死牛处理（高温、深埋、焚烧）等区域及设施设备。

　　1. 场址选择

　　（1）地形地势　养牛场地应当地势高燥，向阳背风，排水良好。地下水位要在 2 米以下，或建筑物地基深度超过 0.5 米。地面应平坦稍有缓坡，一般坡度以 1%～3% 为宜，以利排水。山区建场，应选在稍平缓的坡上，坡面向阳，总坡度不超过 25%，建筑区坡度在 2.5% 以内。地形应尽量开阔整齐，不要过于狭长或边角过多，这样在饲养管理时比较方便，能提高生产效率。

（2）地理位置　选择场址时要求交通便利，应考虑物资需求和产品供销，保证交通方便。场外应通有公路，但不应与主要交通线路交叉。场址应尽可能接近饲料产地和加工地，靠近产品销售地，确保有合理的运输半径。一般牛场与公路主干线不小于 500 米。

（3）周围疫情　为防止被污染，牛场与各种化工厂、畜禽产品加工厂等的距离应不小于 1500 米，而且不应将养牛场设在这些工厂的下风向；远离其他养殖场；大型畜禽场之间应不少于 1000～1500 米；远离人口密集区，与居民点有 1000～3000 米以上的距离，并应处在居民点的下风向和居民水源的下游。选择场址时既要考虑到交通方便，又要为了卫生防疫使牛场与交通干线保持适当的距离。

（4）水电供应　靠近输电线路，以尽量缩短新线敷设距离，并最好有双路供电的条件。尽量靠近集中式供水系统（城市自来水）和邮电通讯等公用设施，以便于保障供水质量及对外联系。

（5）牛场用地　牛场占地面积可根据拟建牛场的性质

和规模确定。肉牛场（年出栏育肥牛 1 万头）按每头占地 16～20 米^2（按年出栏量计）计算，确定场地面积时应本着节约用地、不占或少占农田的原则。

2. 肉牛场布局

养牛场通常分为生活管理区、生产区和辅助生产区以及隔离区。生活管理区和生产区位于场区常年主导风向的上风向和地势较高处，隔离区位于场区常年主导风向的下风向和地势较低处（图 1-1）。

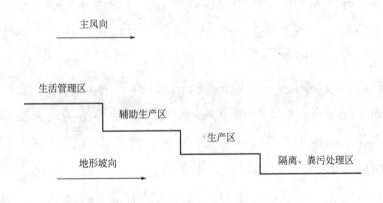

图 1-1　按地势、风向的分区规划示意

（1）生活管理区　包括经营、管理、化验等有关的建筑物，如办公室、职工宿舍、门卫室、更衣消毒室等。应建在牛场（小区）上风处和地势较高地段，并与生产区严格分开，保证适当距离。生活区应处在对外联系方便的位置。大门前设车辆消毒池。

（2）生产区和辅助生产区　生产区是牛场核心区域，应该处在生活区的下风向和地势较低处。牛舍分为母牛舍、犊牛舍、育成牛舍、育肥牛舍，肉牛舍应建在生产区的中心，并按照牛群的生产目的、体重、年龄等指标对牛群分舍饲养。青贮池、干草棚等辅助设施可布置在靠近牛舍的边缘地带，以便于加工和运输。

（3）隔离区　主要包括病牛的隔离、病死牛的尸坑及粪污的存放、处理等，应在场区主导风向的下风向，地势最低的位置，并与牛舍保持100米以上的卫生间隔。大型牛场应在生产区下风向300米以上的地方单独建病牛隔离舍。

3. 肉牛舍建筑设计

根据牛舍外墙的设置情况，牛舍的样式有敞棚式（牛舍四面无墙）、开放式、半开放式、有窗式等几种形式。

（1）敞棚式牛舍　四面无墙，能遮阳、避雨。敞棚式牛舍防暑降温效果较好，适用于气候条件较好的地区（图1-2）。在气候冬冷夏热地区，牛舍东西朝向，可以加强冬季保温，并使两列牛群均匀采光，避免夏季西晒。

牛舍内中间设饲喂走道，牛舍直接与运动场相连。牛舍可采用轻钢结构，屋面为100毫米复合彩钢板或石棉瓦。地面可采用混凝土地面，运动场采用立砖地面。

图1-2 敞棚式牛舍

牛的饲养管理可采用人工或机械喂料、水槽饮水、人工清粪，小群饲养和拴系饲养。

双坡敞棚式牛舍为了冬季保温可以加设卷帘，也可在上风向加设挡风墙。

（2）开放式牛舍 为三面有墙，正面全部敞开的牛舍。敞开部分通常朝南向，冬季可保证阳光照入舍内。根据牛舍屋顶的形式，有单坡开放式牛舍和双坡开放式牛舍（图1-3、图1-4）。单坡开放式牛舍适合小群饲养模式，饲养育肥牛或母牛。牛舍朝向一般为南向或偏东偏西15度以内，牛舍内北侧设饲喂走道，牛舍直接与运动场相连。如果不设运动场、采用拴系饲养，饲喂食槽应向阳设置，牛接受的光照充足则饲养效果好。

图1-3 单坡开放式牛舍

图1-4 双坡开放式牛舍

屋面为100毫米复合彩钢板或石棉瓦。地面可使用混凝土地面，也可以采用立砖地面。

该形式牛舍造价低廉，适用性广，但在寒冷地区冬季不保温，只起挡风作用，会影响育肥牛的增重效果。

（3）半开放式牛舍　三面有墙，正面上部敞开、有半截墙。有墙部分在冬季可挡风。敞开部分在冬季可以附设卷帘、塑料薄膜，以形成封闭状态，改善牛舍的小气候。

半开放式牛舍，适合母牛带犊养殖和育肥模式。冬季为了保温可以加盖塑料薄膜，即成塑料暖棚牛舍。

（4）有窗牛舍　通过墙体、窗户、屋顶等围护结构形成全封闭的牛舍，有较好的保温、隔热能力。在严寒地区，有窗牛舍很普遍，这类牛舍造价较高，防寒保温效果好。为了降低造价，可将墙体改为卷帘，既能保温又有利于夏季通风。

要根据当地的气候特点，结合饲养牛群的种类选用合适的牛舍类型。寒冷地区，尽量选用有窗式牛舍或半开放式牛舍，炎热地区应选择敞棚式牛舍；犊牛和育成牛需要选择保温的牛舍，或者为犊牛专门建造犊牛舍。

二、水源水质

牛场要有可靠的水源。水量充足，要求能满足灌溉用水、场内人员生活用水、牛饮用和生产用水、消防用水等。水质良好，水质要求无色、无味、无臭，透明度好。水的化学性状需了解水的酸碱度、硬度、有无污染源和有害物质等。有条件的则应提取水样做水质的物理、化学和生物污染等方面的化验分析。水源的水质不经过处理或稍加处理就能符合饮用水标准是最理想的。饮用水水质要符合无公害畜禽饮用水水质标准，见表1-1。

表1-1　家畜饮用水水质标准　单位：毫克/升

项　　目		标　准　值
感官性状及一般化学指标	色/度	色度不超过30
	混浊度/度	不超过20
	臭和味	不得有异臭、异味
	肉眼可见物	不得含有
	总硬度(以 $CaCO_3$ 计)	≤1500
	pH	5.5～9
	溶解性总固体	≤4000
	氯化物(以 Cl 计)	≤1000
	硫酸盐(以 SO_4^{2-} 计)	≤500
细菌学指标≤	总大肠菌群/(个/100毫升)	成年畜10,幼畜1
毒理学指标	氟化物(以 F^- 计)	≤2.0
	氰化物	≤0.2
	总砷	≤0.2
	总汞	≤0.01
	铅	≤0.1
	铬(六价)	≤0.1
	镉	≤0.05
	硝酸盐(以 N 计)	≤30

当畜禽饮用水中含有农药时，农药含量不能超过表1-2中的规定。

表1-2　畜禽饮用水中农药限量指标　单位：毫克/升

项　　目	限　　值
马拉硫磷	0.25
内吸磷	0.03
甲基对硫磷	0.02
对硫磷	0.003
乐果	0.08
林丹	0.004
百菌清	0.01
甲萘威	0.05
2,4-D	0.1

三、严格执行各项规章制度

林地养肉牛，不管饲养规模大小都要有与之相适应的疫病预防控制的规章制度，并将疫病控制措施贯穿于日常工作。常用的规章制度主要有如下方面。

1. 饲养管理制度

合理分群、分阶段饲养。按牛的品种、性别、年龄、强弱等分群饲养，不同阶段的牛分阶段饲养，并制定相应的饲养管理制度。日常管理时注意观察牛个体，及早发现病牛并进行及时治疗。

2. 定期消毒制度

包括消毒人员、范围、时间、药物、方法、程序等内容。制定出人员、车辆的消毒；牛舍、场区的定期消毒；食槽、饮水槽等的常规消毒及牛排泄物、流产胎儿、胎衣、死亡奶牛尸体的无害化处理等具体措施。

3. 饲料、兽药、疫苗等物资管理制度

包括饲料、兽药、疫苗等物资的订购、保藏、使用。

4. 无害化处理制度

包括患病牛、疑似病牛的隔离、转移、诊断、治疗及粪便、污水、污染物、圈舍、死亡病牛及其产品的无害化处理等。

5. 疫病监测制度

包括疫病的监测，如病种、时间、比例。

6. 全进全出制度

包括同批次繁育或引进的牛实行同舍饲养、育成或育肥后同期转群、出栏等内容。

7. 隔离制度

包括牛场本身与外界环境的隔离、牛场内部新引进牛的隔离、人员的隔离以及病牛与健康牛的隔离。

（1）牛场与外界环境的隔离

① 在选址时，就应考虑到一个天然的大环境屏障，周边应无其他饲养场及肉类加工厂，与村庄以及主要公路相距至少 1000 米以上。

② 与外面生物的隔离。严禁饲养猪、禽、犬、猫及其他动物，搞好灭鼠、灭蚊蝇和灭吸血昆虫等工作，控制有害生物。

（2）新进牛的隔离　新引进的牛必须持有法定单位的检疫证明书，并严格执行隔离检疫制度，确认健康后方可入群。对新进牛的处理措施如下。

① 到达牛场后，新进的牛应该在隔离区待 7～10 天。隔离区应环境良好，水质良好，并有防牲畜栏。

② 第 1 天到达牛场，给新进牛打耳标，在进食和喝水前称重，引导其饮水、进食，观察每一头牛，确保它们的健康。任何受伤的牛都应与群体分开并接受治疗。

③ 第 2 天，观察牛群健康状况。每天至少检查牛 2 次。有条件的话，应在牛运输前接种疫苗，以便在进场前能产生免疫力。进行体内和体表寄生虫处理。

（3）人员的隔离　养牛场内部分区应清晰，这样才能产生应有的防疫作用，特别是生产区的办公区域与生活区、生产区各区之间、净道污道划分应清晰，避免形成一个防疫隐患区域。

① 谢绝外来人员进入生产区参观访问并在生活区指

定的地点会客和住宿。

② 生产人员进入生产区，要更换消毒过的专用的工作服和鞋帽后才能进入。工作服和鞋帽每次使用都要经过消毒。

③ 生产区内各生产阶段的人员、用具应固定，人员不得随意串舍，各车间用具不得外借和交叉使用。

④ 生产区的工作人员不得对外开展诊疗等服务。

⑤ 饲养人员每年应至少进行 1 次体格检查，如发现患有危害人、牛的传染病者，应及时调离，以防传染。

购进牛需经严格检查，并经一段时间的隔离饲养。根据各个牛场实际情况需要，制定牛群的疾病监控、监测等内容。

8. 防疫、检疫

（1）免疫、检疫。每年秋季对出生 1 周以上的牛进行炭疽芽孢苗的免疫注射，次年春季补注 1 次。根据防疫计划定期接种预防肉牛其他传染病的疫苗。

健康牛群每年春、秋两季各进行 1 次结核病、布氏杆菌病检疫。检出的阳性反应牛应送隔离场或者场外屠宰，可疑反应牛隔离复检后按规定处置。

（2）每年夏、秋季节要做好消灭蚊、蝇的工作。首先是清除蚊、蝇滋生地；其次是按蚊、蝇繁殖周期喷洒药物消灭成虫。

（3）发生疫情时应立即向有关部门报告疫情，在上级部门指挥下，按防疫规程严格办理。场内应设病牛隔离区。该设施应经专职人员按防疫要求设置，病牛由专人管理，工具专用，畜尸按规定处置（包括投入尸井或送入统一设定的焚尸场），不得食用或拉出场外喂其他动物。

（4）调入、调出肉牛，必须经法定检疫单位检疫并取得证明后进行。调入肉牛要隔离观察，确认健康后方可入群。粪、尿、污水、剩余饲料要做无污染处理，处理设施与牛群应有适当距离。

① 引进肉牛的防疫要求。

a. 引进肉牛时必须从符合无公害条件的牛场或地区引进，且国家或地方规定的强制预防接种的项目在免疫有效期内。

b. 引进牛应查看调入牛的档案和预防接种记录，然后进行群体或个体检疫。调入牛要隔离观察，确认健康后方可入群。

c. 对调运的种牛，应进行口蹄疫、牛瘟、传染性肺炎（结核病）、炭疽、布氏杆菌病的临床检查和实验室检验，取得产地检疫合格证明，确定为健康无病者，准予调运。

② 运输时的检疫。

a. 装运时，当地动物防疫监督机构应派人到现场进行监督检查。

b. 运输工具和饲养用具必须在装载前清扫、刷洗和消毒。经当地动物防疫监督机构检验合格，发给运输检疫和消毒合格证明。

c. 运输途中，不准在疫区停留和装填草料、饮水及其他相关物资，押解员应经常观察牛的健康状况，发现异常及时与当地动物防疫监督机构联系，按有关规定处理。

d. 运到后，在隔离场观察 20～35 天，在此期间进行群体、个体检疫，经检查确认健康者，方可供繁殖、生产使用。

四、加强饲养管理，搞好环境卫生

1. 搞好牛场的卫生管理

（1）对人员的卫生要求 生产人员进入生产区应淋浴消毒，更换衣鞋，工作服保持清洁卫生，定期（5～7 天）消毒。

舍内人员不随便往来，用具不随便串换使用。

仔细观察牛群健康状况，发现异常，立即报告，并采取相应措施。

场内兽医不准对外诊疗动物疫病，不得在场外兼职，配种人员不准对外从事配种工作。

牛场应谢绝参观，必须参观的经允许后，进行消毒、更换衣鞋，方可进入。

（2）环境、用具卫生要求

①搞好牛舍内外环境治理，保持环境、用具清洁卫生，定期消毒，每隔1个月进行1次消毒。

②彻底清除圈舍及周围的堆积物、杂草，定期灭鼠、灭蚊蝇，及时收集死鼠和残余药物，并做无害化处理，防止传染疫病。

③生产用车辆的卫生要求。场外车辆、用具不得进入生产区，购买时在场外接运。饲料由场内专用车运出，粪便、污物用专用车运出。在运前、运后都应对车辆进行严格彻底消毒。

2. 加强饲养管理

满足肉牛的营养需要，根据不同品种、不同生长发育阶段、不同季节，对营养成分的不同要求，调整饲料的营养水平。日粮应以青粗饲料为主，精饲料为辅，多种饲料合理搭配。饲喂高精料日粮时注意防止酸中毒。

不要使牛接触到有毒有害物质，防止中毒。饲喂时注意清除饲料中的铁钉、针等尖锐金属异物。

保持适宜的牛舍温度、湿度、风速，减少牛舍有害气体和病原微生物的含量，给牛提供良好的环境，保证牛的健康。牛场内设净道和污道。牛舍清理的粪便要及时运走，进行发酵或烘干处理。

3. 重视饲料和饮水的清洁卫生

重视饲料和饮水的清洁卫生；不喂腐败、发霉和变质的饲料。

4. 圈舍消毒，保持清洁

定期对牛舍进行带牛消毒，降低舍内空气中的微粒和病原微生物的含量。圈舍每天要用机械法（对畜禽圈舍采用清扫、冲洗、洗刷等手段将粪便、垫草、饲料残渣等清除干净）消毒1次，保持清洁、干燥。

5. 冬季防寒保暖，夏季防暑降温

6. 食槽和用具要保持清洁

7. 定期驱虫

五、发生疫情时采取的措施

1. 疫情报告

应立即组成防疫小组，尽快作出确切诊断，迅速向上级有关部门报告疫情。

2. 病牛的隔离

为防止疾病在本场内的继续扩散和传播，必须建立病牛隔离舍，将患有疾病的牛，一律转入隔离舍，由专人隔离饲养、治疗。

（1）病牛　包括有典型症状或类似症状，或其他特殊检查阳性的家畜。凡所有挑选出来的病畜应隔离在远离正常家畜、消毒处理方便、不易散播病原体并处于养殖场下风向的密闭房舍内饲养。

患病家畜的隔离舍应由专人负责看管，禁止其他人员接近，内部及周围环境应经常性地消毒。隔离舍内的病畜应用特异性抗血清或抗生素及时治疗，加强饲养管理。内部的用具、饲料、粪便污物等未经彻底消毒处理不得运出。

（2）可疑感染牛　无任何症状，但与病畜及其污染的环境有过明显的接触如同群、同槽、同牧等，这类家畜有可能处在潜伏期，有排菌（毒）的危险，应在消毒后另选地方隔离、限制其活动，观察，出现症状按病畜处理。经一定时间不发病者，可取消隔离。

（3）假定健康牛　除上述两类外，疫区内的其他家畜都属于此类。应与上述两类家畜严格隔离饲养，加强防疫消毒和相应保护措施，立即进行紧急接种。

3. 封锁

对危害较重的传染病应及时划区封锁，建立封锁带，出入人员和车辆要严格消毒，被污染的环境也应严格消毒。在最后一头病牛痊愈或屠宰后两个潜伏期内再无新病例出现，经过全面大消毒，报上级主管部门批准，方可解除封锁。

对病牛及封锁区内的牛实行合理的综合防治措施，包括疫苗的紧急接种、抗生素疗法、高免血清的特异性疗法、化学疗法、增强体质和生理机能的辅助疗法等。病死牛尸体要严格按照防疫条例进行处置。

六、牛场消毒技术

1. 牛场的消毒目的

消毒是牛场防止传染病发生的最重要环节，也是做好各种疫病免疫的基础和前提。消毒的目的是消灭被病原微生物污染的场内环境、牛体表及设备器具上的病原体，切断传播途径，防止疾病的发生或蔓延。

2. 消毒分类

按消毒的性质可分为以下几类。

（1）经常性消毒 为预防疾病对饲养员、饲养设施及用具进行消毒，如工作衣、帽、靴的消毒；在牛场出入门口、牛舍门口设消毒池，对经过的车辆或人员进行消毒。

（2）定期消毒 对周围环境、圈舍、设备用具如食槽、水槽（饮水器）、注射器、针头进行定期消毒。

（3）突击性消毒 发生传染病时，为及时消灭病牛排出的病原体，对病牛接触过的圈舍、设备、用具进行消毒，对病牛分泌物、排泄物及尸体进行消毒。防治牛病时使用过的器械也应做消毒处理。

3. 消毒方法

（1）机械性清除 用清扫、铲刮、洗刷等方法清除灰尘、污物及沾染在场地、设备上的粪尿、残余饲料、废物、垃圾，减少环境中的病原微生物。可提高使用化学消毒法的消毒效果。

（2）通风换气　通风可以使舍内空气中的微生物和微粒的数量减少，同时，通风能加快水分蒸发，使物体干燥，缺乏水分，致使许多微生物不能生存。

（3）物理消毒法　太阳辐射中紫外线具有杀菌作用，能杀死一般病毒和菌体。还可利用紫外线灯的照射消毒。

（4）高温消毒　如烘箱内干热消毒、高压蒸汽湿热消毒、煮沸消毒等，主要用于衣物、注射器等的消毒；从专用的火焰喷射消毒器中喷出的火焰具有很高的温度，能有效杀死病原微生物，常用于金属笼具、水泥地面、砖墙的消毒。

（5）化学消毒法　利用化学消毒药使其和微生物的蛋白质产生凝结、沉淀或变形等作用，使细菌和病毒的繁殖发生障碍或死亡以达到消毒目的。

4. 化学消毒药的选择与使用

（1）常用消毒药

① 氢氧化钠（火碱）。市售火碱含94％氢氧化钠，为白色固体，在空气中易潮解，有强烈腐蚀性。本品杀菌、杀病毒作用较强，常用于病毒性感染和细菌性感染的消毒，对寄生虫有杀灭作用。2％～5％水溶液用于牛舍、器具和运输车辆消毒。

② 生石灰。为白色或灰色块状物，主要成分是氧化

钙。加水后放出大量热，变成氢氧化钙，以氢氧根离子起杀菌作用，钙离子也能使细菌蛋白变性。生石灰加水制成10％～20％乳剂用于牛舍墙壁、运动场地面消毒，生石灰可在牛舍地面撒布消毒，消毒作用可持续6小时。

③ 漂白粉。干粉或5％的漂白粉液用于牛舍地面、排泄物消毒，临用时配制，不能用于金属用具消毒。

④ 过氧乙酸溶液。无色透明溶液，呈弱酸性，易挥发，有刺激性气味，并带有醋酸味。杀菌作用快而强，抗菌谱广，对细菌、病毒、霉菌和芽孢均有效。0.04％～0.2％水溶液用于耐酸用具的浸泡消毒；0.1％～0.5％水溶液用于畜禽体、牛舍地面、用具消毒。

⑤ 克辽林。由粗制煤酚、肥皂、树脂和氢氧化钠混合加温制成的暗褐色液体，以水稀释时即成乳白色。用于牛舍、用具和排泄物的消毒。

⑥ 菌毒敌。为复合酚消毒药物，含酚类物质41％～49％、醋酸22％～26％，喷洒或浸泡杀灭病毒、细菌、霉菌及多种寄生虫卵。1∶300 对牛舍消毒，1∶100 用于特定传染病及运输车辆消毒，禁止与碱性药物配伍使用。

⑦ 福尔马林（甲醛溶液）。为无色带有刺激性和挥发性液体，内含40％甲醛，杀菌力强，1％～1.25％福尔马林溶液在6～12 小时能杀死细菌、芽孢及病毒，主要用于牛舍、仓库及设备消毒。

生产中多用福尔马林与高锰酸钾按一定比例混合进行

熏蒸消毒。牛舍熏蒸消毒用药量一般为每立方米房舍空间需福尔马林 15～45 毫升、高锰酸钾 7.5～22.5 克，根据房舍污染程度和用途不同，使用不同的药量。用药时，福尔马林体积数与高锰酸钾质量数的比例为 2∶1，以保证反应完全。牛舍和设备在熏蒸消毒前要清洗干净，消毒时先密闭房舍，然后把福尔马林倒入容器内（容器的容量为福尔马林的 10 倍以上），再放入高锰酸钾，两种药品混合后马上反应产生烟雾。消毒时间为 12 小时以上，消毒结束后打开门窗。

熏蒸消毒必须有较高的气温和湿度，一般室内温度不低于 20℃，相对湿度为 60%～80%。

⑧ 高锰酸钾溶液。为暗紫色结晶，易溶于水。杀菌能力较强，能凝固蛋白质和破坏菌体的代谢过程。2%～5% 的水溶液用于饲养用具的洗涤消毒。生产中常利用高锰酸钾的氧化性能来加速福尔马林蒸发而进行空气消毒。

⑨ 酒精。70% 酒精常用于注射部位、术部、皮肤的涂擦消毒和外科器械的浸泡消毒。

⑩ 碘酊。为碘与酒精混合配制的溶液，常用的有 3% 和 5% 两种。杀菌力强，能杀死细菌、病毒、霉菌、芽孢等。常用于注射部位、术部、皮肤、器械的涂擦消毒。

（2）使用方法

① 喷雾法或泼洒法。喷洒地面、墙体、舍内设施等，将消毒药配制成一定浓度的溶液，用喷雾器对需要消毒的

地方进行喷雾消毒，或直接将消毒药泼洒到需要消毒的地方。

② 擦拭法。用布块浸蘸消毒药液，擦拭被消毒的物体，如对笼具的擦拭消毒。

③ 浸泡法。主要用于器械、用具、衣物等的消毒。一般将被消毒的物品洗涤干净后浸泡于消毒药液内，药液要浸过物品，浸泡时间较长为好。可在牛舍门口设消毒槽，用浸泡药物的草垫对人员的靴、鞋等进行消毒。

④ 熏蒸法。用于密闭牛舍的消毒。常用福尔马林配合高锰酸钾对牛舍进行熏蒸消毒。

⑤ 生物消毒法。利用生物技术将病原微生物杀灭或清除的方法。如对粪便进行堆积发酵产生一定的高温可杀死粪便中的病原微生物。

（3）影响消毒效果的因素

① 消毒剂浓度。消毒剂必须按照要求的浓度配制和使用，浓度过高或过低都会影响消毒效果。

② 消毒剂温度。大部分消毒剂在较高温度下消毒效果好，如熏蒸消毒时温度低于16℃则没有效果。个别消毒剂温度升高杀菌力下降，如氢氧化钠等。

③ 时间。消毒剂与被消毒对象要有一定的接触时间才能发挥最佳消毒效果。

④ 酸碱度。酸碱度的变化可影响某些消毒剂的作用。碘制剂、酸类、来苏尔等阴离子消毒剂在酸性环境中杀菌

作用较强，而新洁尔灭、戊二醛等在碱性环境中杀菌力较好。

⑤ 病原微生物的敏感性。病原微生物对不同消毒剂的敏感性差异较大。病毒对甲醛、碱的敏感性高于酚类。

⑥ 化学拮抗物。排泄物、分泌物等妨碍消毒药物与病原微生物的接触，影响消毒效果。

5. 牛场消毒制度

（1）人员消毒　进入养殖场区的人员，必须在场门口更换靴鞋，并在消毒池内进行消毒。饲养人员更换衣物，穿戴清洁消毒好的工作服、帽和靴经消毒后才可进入生产区。工作服、鞋、帽定期洗刷消毒。饲养人员在接触牛群、饲料等之前，必须洗手，并用 1∶1000 的新洁尔灭溶液浸泡消毒 3～5 分钟。牛场谢绝外来人员参观，必须进入生产区时，要洗澡，更换工作服和工作鞋，并遵守场内防疫制度。

（2）牛舍及环境消毒　每年春秋两季用 0.1%～0.3% 过氧乙酸或 1.5%～2% 烧碱对牛舍、牛圈进行 1 次全面大消毒，牛床和采食槽每月消毒 1～2 次。

牛舍周围环境及运动场每周用 2% 氢氧化钠或撒生石灰消毒 1 次；场周围、场内污水池、下水道等每月用漂白粉消毒 1 次。

牛场大门入口设消毒池，消毒药使用 2% 火碱溶液、

1%菌毒敌溶液或10%克辽林溶液等，并注意定期更换消毒液。

牛舍地面及粪尿沟可选用5%～10%热碱水、3%苛性钠、3%～5%来苏尔溶液等喷雾消毒；或用20%生石灰乳粉刷墙壁。分娩舍在临产牛生产前及分娩后各消毒1次。

每批牛出栏后，彻底清扫牛舍，然后进行喷雾消毒。

（3）用具消毒　定期对饲槽、饲料车、料箱进行消毒，可用0.1%新洁尔灭或0.2%～0.5%过氧乙酸消毒。

（4）带牛消毒　定期进行带牛环境消毒，有利于减少环境中病原微生物，可用0.1%新洁尔灭、0.3%过氧乙酸、0.1%次氯酸钠等。

（5）粪便的消毒　患传染病和寄生虫病牛的粪便的消毒方法有多种，如焚烧法、药品消毒法、掩埋法和生物热消毒法等。

（6）运动场的消毒　运动场清扫干净，水泥地面用清水彻底清洗干净，再用5%～10%热碱水喷洒消毒。土壤地面，将土壤深翻30厘米左右，同时撒布干漂白粉或新鲜生石灰，然后用水湿润、压平。

七、免疫接种

免疫接种是指通过疫苗、类毒素、免疫血清等激发机体产生特异性抵抗力，保护易感家畜免受感染的一种方法。有计划进行免疫接种，是预防和控制牛的传染病的重要措施之一。

1. 免疫接种分类

根据免疫接种进行的时机不同，可分为预防接种和紧急接种。

（1）预防接种　在经常发生某些传染病的地区，或潜在有某些传染病的地区，或经常受到邻近地区某些传染病威胁的地区，为了防患于未然，在平时有计划地给健康的牛群进行免疫接种，称为预防接种。

预防接种通常使用疫苗、菌苗、类毒素等生物制剂作为抗原，使机体产生自动免疫力。用于人工自动免疫的生物制剂可统称为疫苗，包括细菌、支原体、螺旋体制成的菌苗，用病毒制成的疫苗和用细菌外毒素制成的类毒素。

根据接种对象和所用生物制剂的品种不同，可采用皮下注射、皮内注射、肌内注射、口服等不同的接种方法。接种后经一定时间（数天至3周）可获得数月至1年以上的免疫力。

（2）紧急接种　紧急接种是在发生疫病流行时，为了使疫病得到控制或扑灭，对疫区和受威胁区尚未发病的家畜进行的应急性免疫接种。紧急接种通常使用免疫血清或抗毒素，使机体很快获得被动免疫力。但在疫区内应用疫苗做紧急接种时，须对所有受到传染病威胁的家畜逐一进行详细观察和检查，仅能对正常无病的家畜以疫苗进行紧急接种；对病畜及可能已受感染的潜伏期病畜，必须在严格消毒的情况下立即隔离，不能再接种疫苗。

2. 免疫接种方法

（1）皮下注射　多数疫病的疫苗可采用皮下注射法接种，如布鲁菌病等。皮下注射多选择在颈背部，一般用16～20号针头。

（2）肌内注射　可进行皮下注射的疫苗部分也可采用肌内注射。肌内注射多选择在颈部或臀部肌肉。多用14～20号针头。

（3）皮内注射　少数疫苗需进行皮内注射，注射部位多在颈侧外部或尾根皮肤皱襞及肩胛骨中央。

（4）经口免疫　将疫苗溶于水或拌于饲料中，通过饮水或吃食进行口服免疫。

（5）气雾免疫　将稀释的疫苗用带有压缩空气的雾化发生器喷射出去，使疫苗形成雾化粒子，均匀漂浮于空气中，牛群通过呼吸进行免疫。

3. 免疫程序的制定

建立科学合理的免疫程序，有计划地对牛群进行免疫接种是预防和控制牛传染病的重要措施。制定合理的免疫程序，要根据当地疫病流行情况，选择合理的疫苗、接种方法、剂量，确定各种疫苗接种的时间、次数、间隔时间等，以达到最佳的免疫效果。需注意的是，对本地和本场尚未发生的疫病，必须在证明确实已经受到严重威胁时，才能计划接种，对高毒力型的疫苗更应慎重，非不得已不引进使用。

4. 疫苗选购及使用注意事项

（1）要购买有国家批准文号的正式厂家的疫苗　疫苗使用前要仔细检查，如发现疫苗没有标签、疫苗生产时间过期、疫苗色泽有变化、发生沉淀、发霉、玻璃瓶破裂等情况都不能使用。使用后的玻璃瓶等包装不得乱丢，应消毒或深埋。

（2）妥善保存和运输　一般疫苗应保存在低温、避光及干燥的场所。灭活疫苗、免疫血清等应保存在 $2\sim10℃$，防止冻结。弱毒疫苗一般都在 $0℃$ 以下保存，温度越低，疫苗保存效果越好。疫苗在保存期内温度应保持稳定，避免反复冻融。运输途中要避免高温和日光直接照射，尽快到达保存地点或预防接种地点。

（3）疫苗的稀释配制　疫苗稀释时须避光、无菌条件操作。稀释液应使用灭菌的蒸馏水、生理盐水或专用的稀释液。稀释时绝对不能用热水，疫苗稀释后要避免高温及阳光直接照射。活菌疫苗稀释时稀释液中不得含有抗生素。疫苗接种所用注射器、针头、瓶子等必须严格消毒。

（4）使用 严格按照疫苗使用说明书进行疫苗接种。稀释倍数、接种剂量、部位按照说明进行。

预防接种前，应对牛群进行详细的检查，特别注意其健康状况、年龄大小、是否正在怀孕或泌乳，以及饲养条件的好坏等。对那些幼年的、体质弱的、有慢性病的和怀孕后期的母畜，如果不是已经受到传染的威胁，最好暂时不接种。接种时要做到消毒认真，接种剂量和部位准确，同时要注意观察牛群接种疫苗后的反应。

5. 肉牛的常用疫苗

（1）口蹄疫免疫 在可能流行地区，每年春、秋两季用同型的口蹄疫弱毒苗接种1次，肌内或皮下注射，1～2岁牛1毫升，2岁以上牛2毫升。注射后14天产生免疫力，免疫期4～6个月。这种疫苗残余毒力较强，能引起一些幼牛发病，因此1岁以下的小牛不要接种。

（2）炭疽免疫 4月龄首次免疫。每年3～5月雨季前应做炭疽菌苗预防接种1次。炭疽菌苗有3种，使用时，任选1种。

无毒炭疽芽孢苗，1岁以上的牛皮下注射1毫升，1岁以下牛注射0.5毫升。

第二号炭疽芽孢苗用于各种年龄的牛，一律皮下注射1毫升。接种后14天产生免疫力，免疫期为1年。

炭疽芽孢氢氧化铝佐剂苗或称浓缩芽孢苗，是无毒炭疽芽孢苗和第二号炭疽芽孢苗的 1/10 浓缩制品，使用时以 1 份浓缩苗加 9 份 20% 氢氧化铝胶稀释后，按无毒炭疽芽孢苗或第二号炭疽芽孢苗的用法、用量使用，14 天后产生免疫力，免疫期 1 年。

（3）气肿疽免疫　3 年内曾发生过气肿疽的地区每年春季接种气肿疽明矾菌苗 1 次，各种年龄牛一律皮下接种 5 毫升，犊牛长到 6 个月时，加强免疫 1 次。接种后 14 天产生免疫力，免疫期约 6 个月。

（4）牛出血性败血症免疫　使用牛出血性败血症氢氧化铝菌苗，4 月龄首免，6 月龄第二次免疫，以后每年 3 月或 9 月定期免疫 1 次。皮下注射，免疫期 9 个月。

（5）牛布鲁菌病免疫　常发地区每年要定期对检疫为阴性的牛进行预防接种。

流产布鲁菌 19 号弱毒菌苗，只用于未交配过的母犊牛，6～8 月龄时免疫 1 次，必要时在怀孕前加强免疫 1 次。每次颈部皮下注射 5 毫升。免疫期可达 7 年。公牛、成年母牛和孕牛不宜使用。

布鲁菌羊型 5 号冻干弱毒菌苗，用于 3～8 月龄的犊牛，可皮下注射，也可气雾吸入，免疫期 1 年。公牛、成年母牛和孕牛均不宜使用。

布鲁菌猪型 2 号冻干弱毒菌苗，公、母牛均可用，孕牛不宜注射，以免引起流产。可皮下注射、气雾吸入或口服接种，皮下注射和口服时用菌数为 500 亿个/头，室内气雾吸入为20亿个/头。免疫期2年以上。每隔1年免疫1次。

（6）牛流行热病免疫 牛流行热油佐剂灭活苗，每年在蚊蝇滋生前半个月（4～5月）接种，6月龄以下犊牛剂量减半，皮下注射，免疫期6个月。

（7）牛泰勒虫病免疫 牛泰勒虫胶冻细胞苗，每年在蚊蝇滋生前半个月（4～5月）接种，肌内注射。

6. 肉牛的免疫程序

制定肉牛免疫程序时应充分考虑当地疫病的流行情况，牛的种类、年龄，母源抗体水平和饲养管理水平，以及使用疫苗的种类、性质、免疫途径等方面的因素。免疫程序的好坏可根据肉牛的生产力和疫病发生情况来评价，科学地制定一个免疫程序必须以抗体监测为参考依据。牛主要传染病常用免疫程序见表1-3。

表1-3　牛主要传染病常用免疫程序

免疫时间	疫苗种类	使用方法	预防疾病	免疫期
1～2月龄	牛气肿疽灭活疫苗	皮下或肌内注射	牛气肿疽	1年
4～5月龄	牛口蹄疫疫苗	皮下或肌内注射	牛口蹄疫	6个月
4.5～5月龄	牛巴氏杆菌病灭活疫苗	皮下或肌内注射	牛巴氏杆菌病	9个月
6月龄	牛气肿疽灭活疫苗	皮下或肌内注射	牛气肿疽	1年

八、驱虫

寄生虫病的发生具有地方性、季节性等流行特征，各地区寄生虫的发生情况有所不同。使用驱虫、杀虫药物要剂量准确、对症。在进行大规模、大面积驱虫工作之前，须先小群试验，取得经验并肯定其药效和安全性后，再进行全群的驱虫。

1. 体表寄生虫

对寄生于牛体表的寄生虫如蜱、蚤、虱等，用敌百虫、敌敌畏、倍硫磷、蝇硫磷和螨净等，按说明的比例用水稀释后进行药浴或用喷雾器对牛体表进行喷洒，可杀死虫体。

2. 吸血昆虫

对蚊、蝇、虻等吸血昆虫，主要用敌敌畏等药物涂抹于牛体表或喷洒于牛体，可防止蚊、蝇、虻等吸血昆虫的叮咬。同时注意圈舍及周围环境的清扫消毒，减少其滋生。

3. 体内的寄生虫

体内的寄生虫应使用高效、广谱的驱虫药。在第1次驱虫后15～21天，应用同类药物进行第2次驱虫，效果更好。

① 在寄生虫病流行区，应将畜禽粪便集中起来，结合农田积肥进行堆积发酵，经2～3周就可杀死粪便中的虫卵。

② 加强饲养管理，搞好环境卫生，适当增加饲料中蛋白质、矿物质、维生素等营养成分，增加青绿饲料等，以提高牛抵抗寄生虫感染的能力。

③ 应采取措施尽可能地保护牛不接触病原。寄生虫

病主要危害幼龄牛，最好能将成年牛和幼牛分开饲养，以减少幼牛感染的机会。

④ 对外地引进的牛进行隔离检疫，确定无病时再合群，以免引入新的寄生虫病。

4. 驱除肉牛寄生虫常用的药物

（1）阿维菌素或伊维菌素　剂量为每千克体重0.2毫克，一次混料喂服；也可选用注射剂一次皮下注射。该类药物对体内寄生线虫和体表寄生虫有效，用于全群普遍性驱虫。

（2）左旋咪唑　剂量为每千克体重6～8毫克，一次混料喂服或溶水灌服；亦可配成5%注射液，一次肌内注射，主要用于驱除线虫。

（3）丙硫苯咪唑　剂量为每千克体重10～20毫克，粉（片）剂用菜叶或树叶包好，一次投入牛口腔深部吞服。也可混饲喂服或制成水悬液，一次口服，主要用于驱除线虫。

（4）螨净　用0.3%的过氧乙酸逐头对牛体喷洒后，再用0.25%的螨净乳剂进行1次普遍擦拭，用于驱除体外寄生虫。

（5）吡喹酮　剂量为每千克体重30～60毫克，粉（片）剂用菜叶或树叶包好，一次投入牛口腔深部吞服。该药主要对吸虫或绦虫有效。

（6）贝尼尔（血虫净）　剂量为每千克体重3～7毫克，极限量1克，用水溶解后深部肌内注射。该药主要对血液原虫有效。

5. 用药程序

根据一般寄生虫病的发生规律，以下为预防肉牛寄生虫病的用药程序，供参考。

3月，使用丙硫咪唑口服，用于驱杀体内由越冬幼虫发育而成的线虫、吸虫及绦虫成虫。

5月，应用氨丙啉或磺胺喹噁啉口服，预防夏季球虫病的发生。

6月，定期（可每周1次）用敌杀死等溶液喷雾进行环境消毒，以驱杀蚊蝇。

7月，使用丙硫咪唑口服，以防治夏季线虫、吸虫及绦虫感染。

10月，应用阿维菌素口服或注射，预防当年10月至次年3月间的疥癣等体外寄生虫病的发生，还可杀灭体内当年繁殖的幼虫、成虫。

第二节　林地养肉牛疾病发生特点

一、传染病的发生和防治

1. 传染病的发生

传染病的流行需要有三个基本环节。

（1）传染（侵袭）源　体内有某种传染病或寄生虫病的病原体（微生物）寄居、生长、繁殖，并不断向体外排出病原体的动物，就是传染（侵袭）源。这些动物是指病牛和带菌（带病毒）的牛和其他动物。病牛是指潜伏期病牛、有临床症状的病牛和恢复期病牛。带菌（病毒）动物是指外表无临床症状的隐性感染牛或其他动物，但体内有病原体（微生物等）。

（2）传播途径　病原体从动物体内排出，停留在外界环境中，或者通过中间宿主（或媒介者）侵入另一个健康易感动物的过程，叫作传播途径。存在于病牛粪、尿、乳、血液、精液中的病原体可以通过病牛的口、鼻、眼、呼吸道、阴道分泌物排出；死亡、被宰杀牛的肉、皮、血液、内脏、粪便中的病原体，如果处理不当也可散播于外界环境中。通过以上两种途径排出的病原体可以在外界存活一定时间，本场或地区的健康易感牛通过消化道、呼吸道、皮肤、黏膜、泌尿生殖道等途径直接接触（如交配、舐咬等）或者间接接触（经污染空气、土壤、饲料、饮水、中间宿主、媒介者、媒介物等）传染给新的健康易感牛群；也可通过怀孕母牛的胎盘传染给胎儿引起胎儿发病。

（3）易感动物　对某种传染病容易感染的动物，叫作易感动物。如口蹄疫病毒的易感动物是牛、羊、猪等偶蹄兽，马、兔就不是易感动物。

2. 传染病控制措施

传染病需要传染源（侵袭源）、传播途径和易感动物三个基本环节才能在牛群中流行，如果将其中三个基本环节中任何一个环节进行严格控制，这类疫病的发生就会越来越少或不再发生，更不能构成传染病在牛群中流行。综合性的防治措施包括平时的预防措施和发病时的扑灭措施。

（1）平时的预防措施

① 加强饲养管理，增强牛的抗病能力。

a. 执行"全进全出"的饲养制度。

b. 牛舍及时通风换气。

c. 对牛舍及环境进行清洁消毒。

② 防止引入病牛和带菌（带毒）牛。

③ 定期进行疾病监测和预防接种。

④ 进行粪便与垫料无害化处理。

⑤ 及时处理病死牛。

（2）发生传染病时的控制措施

① 控制传染源。

a. 发现疑似传染病时，必须及时隔离，尽快确诊，并迅速上报。一时不能确诊的疾病，应采取病料送有关部门进行实验室检查。

b. 对第一类传染病（如口蹄疫、牛瘟、牛传染性胸膜肺炎、牛海绵状脑病）或当地新发现的传染病，应追查疫源，迅速采取紧急扑灭措施，划定疫区或疫点进行封锁。疫区封锁范围，可根据疫情、地理环境而定，一般按村封锁。疫点是指发病及邻近的牛舍或牛群。在疫区封锁期间，应禁止牛及其产品交易等活动，直到最后一头病牛痊愈（死亡或急宰）后，经过该病的最长潜伏期，再无新的病例出现，经过全面彻底消毒后，可以解除封锁。

c. 对发病牛群及邻近牛群，发现病牛立即隔离治疗或淘汰急宰。

② 切断传播途径。

a. 被传染病牛污染的场地、用具、牛舍、运动场、工作服及其他污染物等必须随时彻底消毒。垫草应予烧毁，粪便应堆积发酵、送发酵池或深埋。

b. 死牛一律烧毁或深埋，不准食用，以防中毒或传染。

c. 急宰传染病牛或疑似传染病牛的皮肉、内脏、头蹄等，须经兽医检查，根据规定分别做无害化处理后加以利用或焚烧、深埋。常用的处理方法有两种，一是能食用的，可高温煮熟，就地食用；二是不能食用的，可炼制成工业用油或骨肉粉。

d. 急宰病牛应在指定地点进行，屠宰后的场地、用具及污染物，必须进行严格消毒。

e. 在传染病流行期间，牛舍及用具应每周消毒 1～2

次。病牛隔离舍应每日或随时进行消毒。在传染病扑灭后及疫区（点）解除封锁前，必须进行终末大消毒。

③ 保护易感牛群。

a. 对假定健康牛（与病牛及其排泄物有过直接或间接接触的牛）及受威胁区的健康牛应进行紧急预防接种，提高牛群的免疫力。紧急预防接种应从受威胁区开始，而后依次接种假定健康牛、可疑病牛。

b. 改善饲料营养和卫生管理，提高抗病能力，避免与传染源（病牛、可疑病牛等）接触，减少感染机会。

3. 肉牛的重要传染病分类

按照《中华人民共和国动物防疫法》，动物疫病（包括重大传染病与寄生虫病）可分为三类。

（1）一类疫病　口蹄疫、蓝舌病、牛海绵状脑病。

（2）二类疫病　牛结核病、牛布鲁菌病、炭疽、牛传染性鼻气管炎、产气荚膜梭菌病、副结核病、牛白血病、牛出血性败血病、牛梨形虫病（旧称牛焦虫病）、牛锥虫病、日本血吸虫病。

（3）三类动物疫病　牛流行热、牛病毒性腹泻黏膜病、牛生殖器弯曲杆菌病、毛滴虫病、牛皮蝇蛆病。

二、寄生虫病的发生和防治

寄生虫是指暂时或永久地在宿主体内或体表营寄生生

活的动物。体内或体表有寄生虫暂时或长期寄居的动物都称为宿主。

1. 寄生虫生活史

（1）寄生虫的生活史　寄生虫生长、发育和繁殖的一个完整循环过程，叫作寄生虫的生活史，包括寄生虫的感染与传播。

寄生虫的生活史可分为若干个阶段，每个阶段的虫体有不同的形态特征，需要不同的生活条件。如线虫生活史一般分为卵、幼虫、成虫三个阶段，其中幼虫又分为若干期。

（2）寄生虫生活史完成的必要条件　寄生虫生活史的完成必须具备一系列条件。

① 寄生虫必须有其适宜的宿主，甚至是特异性的宿主。这是生活史建立的前提。

② 虫体必须发育到感染性阶段（或叫侵袭性阶段），才具有感染宿主的能力。

③ 寄生虫必须有与宿主接触的机会。

④ 寄生虫必须有适宜的感染途径。

⑤ 寄生虫进入宿主体后，往往有一定的移行路径，才能最终到达其寄生部位。

⑥ 寄生虫必须战胜宿主的抵抗力。

2. 寄生虫病的流行

某种寄生虫病在一个地区流行必须具备三个基本环

节，即传染源、传播途径和易感动物。这三个环节在某一地区同时存在并相互关联时，就会构成寄生虫病的流行。

寄生虫病的感染途径是指病原从感染源感染给易感动物所需要的方式。寄生虫的感染途径随其种类的不同而异，主要有以下几种。

（1）经口感染　即寄生虫通过易感动物的采食、饮水，经口腔进入宿主体的方式。多数寄生虫属于这种感染方式。

（2）经皮肤感染　即寄生虫通过易感动物的皮肤，进入宿主体的方式。例如钩虫、血吸虫的感染方式。

（3）接触感染　即寄生虫通过宿主之间直接接触或用具、人员等的间接接触，在易感动物之间传播流行。属于这种传播方式的主要是一些体外寄生虫，如蜱、螨、虱等。

（4）经节肢动物感染　即寄生虫通过节肢动物的叮咬、吸血，传给易感动物的方式。这类寄生虫主要是一些血液原虫和丝虫。

（5）经胎盘感染　即寄生虫通过胎盘由母体感染给胎儿的方式。

（6）自身感染　有时，某些寄生虫产生的虫卵或幼虫不需要排出宿主体外，即可使原宿主再次遭受感染，这种感染方式就是自身感染。

3. 寄生虫病的危害

（1）掠夺宿主营养　消化道寄生虫多数以宿主体内消

化或半消化的食物营养（主要是碳水化合物）为食；有的寄生虫还可直接吸取宿主血液（吸血节肢动物寄生虫和某些线虫）；也有的寄生虫（某些原虫）则可破坏红细胞或其他组织细胞，以血红蛋白、组织液等作为自己的食物；寄生虫在宿主体内生长、发育及大量繁殖，所需营养物质绝大部分来自宿主，寄生虫数量越多，所需营养也就越多。这些营养还包括宿主不易获得而又必需的物质，如维生素 B_{12}、铁及微量元素等。由于寄生虫对宿主营养的这种掠夺，使宿主长期处于贫血、消瘦和营养不良状态。

（2）机械性损伤　虫体以吸盘、小钩、吻突等器官附着在宿主的寄生部位，造成局部损伤；幼虫在移行过程中，形成虫道，导致出血、炎症；虫体在肠管或其他组织腔道（胆管、支气管、血管等）内寄生聚集，引起堵塞和其他后果（梗阻、破裂）；另外，某些寄生虫在生长过程中，还可刺激和压迫周围组织脏器，导致一系列继发症。

（3）虫体毒素和免疫损伤作用　寄生虫在寄生生活期间排出的代谢产物、分泌的物质及虫体死后崩解的产物对宿主是有害的，可引起宿主体局部或全身性的中毒或免疫病理反应，导致宿主组织及机能的损害。如蜱可产生用于防止宿主血液凝固的抗凝血物质；寄生于胆管系统的华枝睾吸虫，其分泌物、代谢产物可引起胆管上皮增生、肝实质萎缩、胆管局限性扩张及管壁增厚，进一步发展可致上皮瘤样增生。

（4）继发感染　某些寄生虫侵入宿主体时，可以把一些其他病原体（细菌、病毒等）一同携带入内；另外，寄生虫感染宿主体后，破坏机体组织屏障，降低抵抗力，也使得宿主易继发感染其他一些疾病。如许多种寄生虫在宿主的皮肤或黏膜等处造成损伤，给其他病原体的侵入创造了条件。还有一些寄生虫，其本身就是另一些微生物或寄生虫的传播者。例如，某些蚊虫、蚤、蜱等。

4. 寄生虫病的诊断

寄生虫病的确诊应是在流行病学资料调查研究的基础上，通过实验室检查，查出虫卵、幼虫或成虫，必要时可进行寄生虫学剖检。

病原体检查是寄生虫病最可靠的诊断方法，无论是粪便中的虫卵，还是组织内不同阶段的虫体，只要能够发现其一，便可确诊。在判断某种疾病是否由寄生虫感染所引起时，除了检查病原体外，还应结合流行病学资料、临床症状、病理解剖变化等综合考虑。

（1）临床观察　仔细观察临床症状，分析病因，寻找线索。

（2）流行病学调查　全面了解饲养环境条件、管理方式、发病季节、流行状况、中间宿主或传播者及其他类型宿主的存在和活动规律等，统计感染率（即检查的阳性患畜与整个被检畜的数量之比）和感染强度（是表示宿主遭受某种寄生虫感染数量大小的一个标志，有平均感染强度、最大感染强度和最小感染强度之分）。

（3）实验室检查　在各种病料中检查病原体（虫卵、幼虫和成虫）是诊断寄生虫病的重要手段，包括粪、尿、血液、骨髓、脑脊液及分泌物和有关病变组织的检查。必要时可接种实验动物，然后从实验动物体检查虫体或病变而建立诊断。

（4）治疗性诊断　在初步怀疑的基础上，采用针对一些寄生虫的特效药进行驱虫试验，然后观察疾病是否好转。若临床症状减轻或消失，或患畜体内虫体排出，进行检查鉴定，从而达到确诊目的。

（5）剖检诊断　是确诊寄生虫感染最可靠确实的方法。该法可以确定寄生虫种类、感染强度；还可以明确寄生虫对宿主危害的严重程度，尤其适用于对群体寄生虫病的诊断。

（6）免疫学诊断　同其他病原体一样，寄生虫感染动物体后，在整个生长、发育、繁殖到死亡的寄生过程中，其产生的分泌物、排泄物和虫体死后的崩解产物在宿主体内均起着抗原的作用，诱导动物机体产生免疫应答。因此可以利用抗原-抗体反应或其他免疫反应来诊断寄生虫病。

（7）分子生物学诊断　分子生物学技术具有更高的灵敏性和特异性，为探索寄生虫的系统进化过程及亚种和虫株鉴别、虫株的标准化，提供了更可靠的手段。

5. 寄生虫病的控制

（1）控制和消灭感染源　有计划地进行定期预防性驱虫。按照寄生虫病的流行规律，在计划的时间内投药，而不论其发病与否。驱虫是综合防治中的重要环节，通常是用药物杀灭或驱除寄生虫。注意药物的选择，要高效、低毒、广谱、价廉、使用方便。

驱虫时间的确定，要依据对当地寄生虫病流行病学的调查了解来进行。一般要赶在"虫体成熟前驱虫"，防止性成熟的成虫排出虫卵或幼虫对外界环境的污染。或采取"秋冬季驱虫"，此时驱虫有利于保护家畜安全过冬；秋冬季外界寒冷，不利于大多数虫卵或幼虫存活发育，可以减轻对环境的污染。

驱虫应在专门的、有隔离条件的场所进行。驱虫后排出的粪便应统一集中，用"生物热发酵法"进行无害化处理。在驱虫药的使用过程中，一定要注意正确合理用药，避免长期频繁地连续使用同一种药物，以推迟或消除抗药性的产生。

（2）切断传播途径　搞好环境卫生是减少或预防寄生虫感染的重要环节。尽可能地减少宿主与感染源接触的机会，如逐日清除粪便，打扫厩舍，以减少宿主与寄生虫虫卵或幼虫的接触机会，也减少虫卵或幼虫污染饲料或饮水的机会；同时设法杀灭外界环境中的病原体，如粪便堆积发酵，利用生物热杀灭虫卵或幼虫；也包括清除各种寄生虫的中间宿主或媒介等。

利用寄生虫的某些流行病学特点来切断其传播途径，避免寄生虫的感染。寄生虫的中间宿主和媒介较难控制，可利用它们的习性，设法回避或加以控制。

（3）增强机体抗病力　科学养殖，加强日常饲养管理；饲料保持平衡全价，使能获得足够的氨基酸、维生素和矿物质；合理放牧，减少应激因素，使动物获得舒服且有利于健康的环境，提高易感动物对寄生虫病的抵抗力；对孕畜和幼畜应给予精心护理。

三、营养代谢疾病的发生和防治

当日粮中营养物质的供给及其代谢过程的某些方面或某一环节发生紊乱时，就会造成代谢机能的障碍，由此而引起的疾病称为营养代谢疾病。营养代谢疾病是营养紊乱和代谢紊乱疾病的总称，前者是因动物所需的某些营养物质的量供给不足或缺乏，或因某些营养物质过量而干扰了另一些营养物质的吸收和利用引起的疾病；后者是因体内一个或多个代谢过程异常改变导致内环境紊乱而引起的疾病。

1. 营养代谢疾病的分类

（1）糖、脂肪、蛋白质代谢紊乱性疾病　例如乳牛的酮病、母畜妊娠毒血症、营养衰竭症等。

（2）维生素营养缺乏症　是因饲料中维生素供给不足，或因含有某些维生素拮抗剂，造成代谢过程中因维生素摄入不足，体内必需的辅酶生成不足而致代谢失调，如维生素 D 缺乏等。

（3）矿物质营养缺乏症　矿物质不仅是机体硬组织的构成成分，而且是某些维生素和酶的构成成分。常见的矿物质营养缺乏症包括 7 种常量元素缺乏，如骨软症、低镁血症、低钾血症、低钠血症；15 种必需微量元素缺乏症，如铜缺乏症、硒缺乏症、锰缺乏症等。

（4）原因未定的营养代谢疾病　有些病不像是传染病，也不像是中毒或寄生虫病，它们符合营养代谢疾病的某些特点，但病因不明确。

2. 营养代谢疾病的发病原因

（1）营养物质摄入不足　日粮不足或日粮中缺乏某种营养物质。如缺硒地区的硒缺乏症、锰缺乏等。

（2）营养物质消化、吸收不良，利用不充分　长期患某些慢性病，胃肠道、肝脏及胰腺等机能障碍，年老体弱，机能减退，不仅影响营养物质的消化吸收，而且影响营养物质在动物体内的合成代谢。

（3）营养物质转化需求过多　饲料投入的量，各种营养成分的含量和比例，各项管理措施等，稍有疏忽或失误，就可引起营养代谢疾病。

3. 营养代谢疾病的特点

营养代谢疾病种类繁多，发病机理复杂，但它们的发生、发展、临诊经过方面有一些共同特点。

① 疾病发生缓慢，病程一般较长。从病因作用到呈现临床症状一般都需数周、数月甚至更长的时间，有的可能长期不出现明显临床症状而成为隐性型。

② 发病率高，多为群发，经济损失严重。营养代谢性疾病已成为重要的群发病，遭受的损失严重。

③ 生长速度快的家畜、处于妊娠或泌乳阶段特别是乳产量高的家畜、幼畜禽容易发生，舍饲时容易发生。

④ 多呈地方性流行。动物营养的来源主要是从植物性饲料及部分动物性饲料中所获得的，植物性饲料中微量元素的含量，与其所生长的土壤和水源中的含量有一定的关系，因此微量元素缺乏症或过多症的发生，往往与某些特定地区的土壤和水源中该元素含量特别少（或多）有密切关系，常称这类疾病为生物地球化学性疾病，或称为地方病。

在土壤含氟量高的地区，或在炼铝厂、陶瓷厂附近，氟随烟尘散播于所在的农牧场或地面，可发生牛慢性氟中毒。

⑤ 病畜大多有舐癖、衰竭、贫血、生长发育停止、

消化障碍、生殖机能扰乱等临床表现。多种矿物质如钠、钙、钴、铜、锰、铁、硫等的缺乏，某些蛋白质和氨基酸的缺乏，均可能引起动物的异食癖；铁、铜、锰、钴等缺乏和铅、砷、镉等过多，都会引起贫血；锌、碘、锰、硒、钙和磷、钴、铜及钼、维生素 A、维生素 D、维生素 E、维生素 C 等的代谢状态都可影响生殖机能。

⑥ 无接触传染病史，一般体温变化不大。除个别情况及有继发或并发病的病例外，这类疾病发生时体温多在正常范围或偏低，畜禽之间不发生接触传染，这些是营养代谢性疾病与传染病的明显区别。

⑦ 通过饲料或土壤或水源检验和分析，一般可查明病因。发生缺乏症时补充某一营养物质或元素，过多症时减少某一物质的供给，能预防或治疗该病。

4. 营养代谢疾病的诊断

（1）首先要排除传染病、寄生虫病和中毒性疾病　许多营养代谢疾病呈群发、人兽共患和地方流行等特点，诊断时应利用一切现有手段排除病原微生物、寄生虫感染，排除毒物中毒，抗菌药物、驱虫药物治疗收效甚微，或仅对某些并发症有效，而使用针对营养缺乏物质有良效时，可提示诊断。

（2）动物现症调查　在群养动物中长期存在生长迟缓、发育停滞、繁殖机能低下，屡配不孕，常有流产、死胎、畸胎生成、精子形态异常等；有不明原因的贫血、跛行、脱毛、异嗜等非典型的示病症状。越是高产（如产乳特别多、产蛋特别多）的母畜越易出现各种临床症状者，可提示诊断。

（3）饲料调查 许多营养代谢疾病是因饲料中缺乏某些营养成分。应根据动物现症调查和初步治疗的体会，对可疑饲料中针对性营养成分如矿物质、维生素等进行测定，并和动物营养标准相比较。不仅要测当前饲料，可能的情况下要测病前所喂饲料，不仅测可疑物，还应测该物质的拮抗物。如测钼的同时测铜，测锌的同时测钙等。

（4）环境调查 放牧的养殖场尤其应掌握该地区土壤、植物、饮水中某些营养成分的含量，施肥习惯，土壤pH值、含水量，动物饮用水源是否受到污染及污染程度。

（5）实验室诊断 实验室不仅要测定动物饲料，饮水中可疑成分及拮抗剂，而且应对病畜血、肉尸、脏器等，特别是目标组织中可疑成分的含量、有关的酶活性进行测定，这些均有助于疾病诊断。

（6）动物回归试验及治疗 人工复制出与自然发生疾病相同的病症，用补充可疑营养成分获得满意的效果，是诊断疾病的决定性依据。

5. 营养代谢疾病的防治措施

通过周密的调查和诊断，给动物日粮或饮水中准确地补充目标营养成分，使每头动物都有足够的机会获得所补充的物质。

四、中毒性疾病的发生和防治

1. 中毒病的分类

按毒物来源可分为两类，即外源性毒物，如植物毒素、动物毒素、真菌毒素、农药、化学物质、药物等，经一定途径进入动物体内；内源性毒素，是体内代谢过程中所产生的有毒物质，如吲哚、过氧化物等，体内有完整的解毒体系可消除它们的毒性。

外源性毒物中毒有以下几类。

① 霉变饲料中毒。

② 有毒植物中毒。主要有棉籽饼中毒、蓖麻叶和蓖麻饼中毒、菜籽饼中毒、马铃薯和马铃薯茎叶中毒、烂菜叶中毒、苜蓿中毒、高粱幼苗中毒等。

③ 重金属中毒。主要有铅、汞、银、铜等 45 种。

④ 有机磷农药中毒。

⑤ 动物毒素中毒。包括蛇、蜂、蝎、斑蝥、河豚毒素中毒。

2. 毒物与机体间相互作用

毒物对机体的作用机理（毒理）有以下几种。

（1）致缺氧 毒物引起缺氧的原因大致有如下方面。

① 扰乱呼吸机能，如抑制呼吸中枢，引起喉头水肿，产生支气管痉挛及肺气肿等。

② 引起溶血、血红蛋白变性，如产生碳氧血红蛋白、变性血红蛋白。

③ 抑制细胞呼吸，抑制干扰电子传递，如氰化物中毒、硫化氢中毒等。

④ 引起血管通透性增强、渗透性增加，导致微循环障碍和休克。

（2）抑制某些酶活性　其作用包括如下方面。

① 破坏酶的活性中心。如氰化物抑制细胞色素氧化酶形成三价铁离子，一氧化碳作用于该酶形成三价铁离子，使酶失效而窒息死亡。

② 毒物与基质竞争同一种酶，而产生抑制作用。如氟柠檬酸可抑制乌头酸酶，引起三羧酸循环中止，这是氟乙酰胺中毒的机理。

③ 与酶的激活剂作用，使酶失活。如氟化物抑制镁离子，镁离子失去激活酶的作用，使许多酶活性下降，产生代谢紊乱。

④ 去除辅酶。如铅中毒造成烟酸消耗过多，使辅酶Ⅰ、辅酶Ⅱ合成减少，抑制脱氢酶作用。

（3）对传导介质的影响　有机磷化合物抑制了胆碱酯酶活性，神经末梢与终板之间乙酰胆碱蓄积。四氯化碳中毒时，交感神经兴奋冲动，释放大量儿茶酚胺、肾上腺素、5-羟色胺等神经介质，可使内脏血管收缩，生命器官供血不足导致损伤。

（4）毒物间竞争性作用　如一氧化碳和氧竞争性与血红蛋白结合，使血红蛋白丧失携氧功能。砷、汞与多种酶的巯基结合，使酶活性丧失。

3. 中毒病的诊断与诊断程序

中毒病的诊断包括病史调查、症状检查、尸体剖检、毒物分析，甚至回归复制、论证分析等。有些中毒病通过病史调查或症状观察就可诊断，但也有些中毒可迁延数月、数年而不得结论。

4. 中毒病的治疗原则

（1）除去毒源　吸入性中毒者，立即离开含毒气体；皮肤接触毒物者，尽快清洗皮肤上的有毒物质；消化道食入者，尽快使用催吐剂（如果动物容易呕吐的话）或洗胃或导泻与灌肠。促进毒物排出，使毒物不再被吸收入血。

毒物一旦已被吸收时，可采取大量输液直至尿流不断，促使毒物经尿排泄，必要时给予利尿剂，或先泻血再输液补充血容量。

（2）尽快使用特效解毒剂　有些中毒有特效解毒药，如有机磷中毒使用解磷啶、双复磷；氟乙酰胺中毒用解氟灵（乙酰胺）；重金属中毒用二巯基丙醇；亚硝酸盐中毒用美蓝等，因为毒物与组织间作用，许多是可逆的，及时使用特效解毒药，可迅速解除毒物的危害。

（3）对症治疗 补液，促进毒物排泄，在补液中掺入某些药物，维持心功能、血管功能、肝功能和肾功能及中枢神经正常活动。有些中毒病缺乏特效解毒剂，只能采取对症治疗，调整体内环境，争取时间，最终使毒物从体内排泄及发挥自身解毒作用。

5. 常见外源性中毒的治疗

（1）霉变饲料中毒 及时清除发霉变质的饲料，并给牛补充维生素，增进食欲，治疗病牛。

（2）有毒植物中毒 利用催吐药或泻药排出胃肠道毒物，并适量注射高渗溶液排出细胞内有毒物质。植物煮熟再喂，不要喂发芽的幼苗。

（3）重金属中毒 灌喂牛奶或豆浆，还可以用活性炭治疗，并进行利尿或催吐排毒。

（4）有机磷农药中毒治疗 2%～3%碳酸氢钠溶液或生理盐水洗胃，灌服活性炭，同时用特效解毒药胆碱酯酶复活剂或用解磷定（碘解磷定等）。

6. 中毒病的预防

① 做好有毒物质的保管、使用、销毁。

② 加强饲料防霉。一旦霉变，经翻晒、浸泡、碱化、蒸煮，使用添加剂、拮抗剂等，减少毒物危害。

③ 加强环境管理，防止废水、废气、废渣污染。

④ 备好解毒药品，一旦发现情况尽快尽早治理。

五、林地养肉牛疾病防控特点

1. 对林地养肉牛疾病预防有利的因素

① 林地养肉牛，牛可自由活动、觅食，牛的采食、运动等行为需求可得到充分满足，符合牛的福利饲养，对牛的健康有利。

② 林地中空气新鲜，光照充足，环境安静，有害气体少，牛的活动范围广，运动量大，体质好。牛可在林地自由活动，接受充足的太阳光照射，紫外线可使牛皮肤中的7-脱氢胆固醇转化为维生素 D_3，从而减少软骨病的发生。

③ 牛在林地中采食鲜嫩的树叶、草叶以及成熟的植物子实，这些植物中不仅含有丰富的蛋白质，还含有牛所需的多种维生素、微量元素，某些植物还有保健作用。

2. 林地养肉牛对疾病预防不利的因素

① 环境不宜控制，易发寄生虫病、细菌性传染病。放养时肉牛接触地面，病牛粪便易污染饲料、饮水、土地，夏季天热多雨、运动场潮湿，粪便得不到及时清理、堆沤发酵，场内的污物也得不到及时清除，容易造成寄生虫病、大肠杆菌病等的流行。

② 气候多变，易受野生动物侵害。放养时肉牛所处

的外界环境因素多变，易受暴风雨、冰雹、雪等的侵袭。

3. 肉牛患病后的处置

当牛患病时，要加强管理，使疾病不再恶化，使其早日康复。

① 如患传染病，要先把牛隔离开，并对周围环境进行消毒。非必要的人员不要接触病牛，以防止疾病的蔓延。

② 体弱的病牛，一般怕冷，要注意保温。

③ 对中暑的牛，应立即牵到阴凉的地方，让其饮冷水或往牛体上浇水，使其降温。

④ 要经常清理牛舍粪便，因为牛粪中含有大量的大肠杆菌及其他病原菌。

⑤ 牛舍的地面要保持干燥，应垫上干燥的垫草，以阻止病原菌的滋生。

⑥ 当牛患关节炎或腐蹄病，身体有伤时，要防止粪尿污染伤口，保持牛体干净，使其较快痊愈。

⑦ 用药物治疗病牛，给药方法一般是将药混进饲料和饮水中。有时饲料混药后牛不爱吃，还有些药不能与饲料混合，要采取其他方法进行灌喂。

第二章

林地养肉牛的饲养管理

第一节　肉牛的饲养管理技术

一、后备母牛的饲养管理

断奶后到配种前的牛为后备母牛。这一时期对其终生的繁殖性能十分重要。一般在 4～6 月龄时，选择生长发育好、性情温顺、增重快、体质结实的母犊牛留作繁殖母牛培育，留作种用的犊牛不能过肥。

（一）后备母牛的饲养

后备牛生长发育快，要保证日增重 0.4 千克以上。饲料应以粗饲料和青贮料为主，精料只作为蛋白质、钙、磷等的补充。根据饲养方式可分为舍饲饲养和放牧饲养。

1. 舍饲

（1）3～6 月龄的日粮　断奶期由于犊牛在生理上和

饲养环境上发生很大变化，因此必须精心管理，以使其尽快适应以精粗饲料为主的饲养管理方式。

3～6月龄可采用的日粮配方：犊牛料2千克，干草1.4～2.1千克或青贮5～10千克。犊牛料组成（％）：玉米50，麸皮15，豆饼15，花生饼5，棉仁饼5，菜籽饼3，饲用酵母粉3，磷酸氢钙1，碳酸钙1，食盐1，预混料1。

（2）7～12月龄　日粮以优质青粗饲料为主，每天青粗饲料的采食量可按体重的7％～9％，占日粮总营养价值的65％～75％。

可采用的配方：玉米46％，麸皮31％，高粱5％，大麦5％，酵母粉4％，叶粉3％，食盐2％，磷酸氢钙4％。

日喂量：混合料2～2.5千克，青干草0.5～2千克，玉米青贮11千克。

（3）13～18月龄　日粮要尽量增加青贮、块根、块茎饲料的喂量。

混合料配方：玉米40％，豆饼26％，麸皮28％，尿素2％，食盐1％，预混料3％。

日喂量：混合料2.5千克，玉米青贮13～20千克，羊草2.5～3.5千克，甜菜（粉）渣2～4千克。

2. 放牧

在优良的草地上放牧，不仅可以节省精料（约30％～50％）和管理费用，而且有助于育成牛的生长发育和健康。但当草地质量不好时，放牧回舍后需补喂精料、干草和多汁料。放牧期间均需补充钙、食盐等矿物质饲料。补饲量应根据牧草生长情况而定。冬末春初每头牛每天应补1千克左右配合料，每天喂给1千克胡萝卜或青干草，或者0.5千克苜蓿干草，或每千克饲料配1万国际单位维生素A。

（二）后备母牛的管理

（1）运动　育成牛每天应至少有2小时以上的运动，一般采取自由运动。

（2）刷拭和调教　育成母牛应每天刷拭1～2次，每次5～10分钟，以保持牛体清洁；育成母牛应调教拴系、定槽认位，以便于成年后的管理。

（3）称重和体尺测量　12月龄、18月龄、分娩前2个月根据育成母牛的发育情况分栏转群，同时称重、测量体尺，记录母牛档案。

（4）适时配种　一般按15～18月龄初配，或按达成年体重70％时才开始初配。

二、妊娠母牛的饲养管理

成年母牛产后平均63天左右出现发情，母牛妊娠期平均280天。对妊娠母牛饲养管理的总的原则是，加强营

养、防止流产和保证胎儿的正常发育。

（一）妊娠母牛的饲养

母牛在妊娠初期，胎儿生长发育较慢，营养需要并无明显增加，对怀孕的青年母牛在妊娠前半期的饲养应与育成母牛基本相同，以青粗饲料为主，视情况补充一定数量的精料。母牛妊娠到了中后期应加强营养，尤其是妊娠最后的 2～3 个月，这期间母牛的营养直接影响着胎儿生长和本身营养蓄积。如果此期营养缺乏，容易造成犊牛出生体重轻，母牛体弱和产奶量不足。严重缺乏营养，会造成母牛流产。

1. 舍饲

在整个妊娠期，必须喂给母牛平衡的日粮，舍饲妊娠母牛，要依妊娠月份的增加调整日粮配方，增加营养物质的量。以青粗饲料为主，适当搭配精饲料，参照饲养标准配合日粮。粗料以麦秸为主时，必须搭配豆科牧草。母牛妊娠的最后 3 个月，根据膘情补加混合精料 1～2 千克。

精料配方：玉米 52%，饼类 20%，麸皮 25%，石粉 1%，食盐 1%，微量元素、维生素 1%。

粗料以玉米秸为主时，由于蛋白质含量低，应补饲饼粕类，也可以用尿素代替部分饲料蛋白。

2. 放牧

放牧饲养的妊娠母牛，多采取选择优质草场、延长放牧时间、牧后补饲等方法加强母牛营养。妊娠后期母牛每天补喂1～2千克精饲料。

精料配方：玉米50%，豆饼30%，麦麸10%，高粱7%，石粉2%，食盐1%，另外添加微量元素、维生素预混料。

在怀孕的前期和中期，饲喂次数为每昼夜3次，后期可增加到4次。每次喂量不可以过多，以免压迫胸腔和腹腔。

（二）妊娠母牛的管理

①怀孕母牛的日粮必须由品质良好的饲料组成，变质、腐败、冰冻的饲料不能饲喂，以防引起流产，怀孕后期禁止喂棉籽饼、菜籽饼、酒糟等饲料。

②每日饮水3～4次，水温不低于8℃，严禁饮过冷的水。怀孕母牛有五不饮，即清晨不饮、空腹不饮、出汗后不急饮、带冰水不饮、脏水不饮。从分娩前10天开始停喂青贮料，日粮应由品质优良的干草和少量的精料组成。

③妊娠5～6个月后，进行乳房按摩（但严禁试挤），1次/天，产前1～2个月停止，以利于未来的挤奶操作。

④每天刷拭牛体1～2次，保持一定的运动量，同时防止机械性流产或早产，产前2周转入产房。

⑤保胎。放牧饲养时，将妊娠后期的母牛同其他牛群分别组群，单独放牧于附近的草场；为防止母牛之间互相

挤撞，放牧时不要鞭打驱赶以防惊群；雨天不要放牧和进行驱赶运动，防止滑倒；不要在有露水的草场上放牧，也不要让牛采食大量易产气的幼嫩豆科牧草，不采食霉变饲料。

舍饲妊娠母牛配种受胎后，应专槽饲养，以免与其他牛抢槽、抵撞造成流产。圈舍应清洁干燥，牛体应经常刷拭，保持卫生，并要适当进行运动，以免过肥或运动不足；要注意对临产母牛的观察，及时做好分娩助产的准备工作。若母牛怀孕前期阴道流出黏液，不断回头看腹部，起卧不安，后期乳腺肿大，拱腰尿频姿势，腹痛明显，胎动停止，则是流产预兆，要及时治疗。

三、围产期母牛的饲养管理

围产期（分娩前后各 15 天）的饲养管理关系到犊牛是否能够顺利娩出及出生后的健康，也关系到产后母牛是否能很快地从干乳期顺利地过渡到泌乳期。

1. 产犊前的饲养管理

产前 15 天，饲料以优质干草为主，添加以麸皮为主的精料，精料喂量不超过体重的 1%。

过肥的临产牛，适当减少精料。临产前 15 天以内的母牛，饲喂低钙日粮，钙的含量降到平时喂量的 1/3～1/2，并减少食盐用量。产前 2～3 天，为防止便秘，应在精料中适当提高麸皮的用量，可以占精料的 50%～70%。

围产期的母牛应转入产房进行饲养管理。产房必须用 2%苛性钠溶液喷洒消毒，然后铺上清洁干燥的垫草，并建立常规的消毒制度。

产房要备有消毒药品、毛巾和接产用器具等。产房昼夜应有人值班。发现母牛有腹痛、不安、频频起卧等现象时，用 0.1%高锰酸钾液擦洗生殖道外阴部。

母牛分娩时，环境必须保持安静，并尽量让其自然分娩。一般从阵痛开始约经 1～4 小时，犊牛即可顺利产出。如果发现异常、难产等，技术人员应及时进行助产。母牛分娩应使其左侧躺卧，以免瘤胃压迫胎儿发生难产；如能用羊水喂给母牛，将有助于产后胎衣排出。母牛分娩后应尽早驱其站立，以免因腹压过大而造成子宫或阴道翻转脱出。

2. 产犊后的饲养管理

产后补盐补水。母牛产后补给温热、足量的麸皮盐水，起暖腹、充饥、增加腹压的作用。配比是麸皮 1～2 千克、盐 100～150 克、碳酸钙 50～100 克、温水 15～20 千克，同时喂给母牛优质、嫩软的干草 1～2 千克。

产后 3 天内，一般只喂优质干草和少量以麦麸为主的混合精料，每天喂 1 次温热的益母膏麦麸汤（使用适量的益母草），按水 12 千克、麦麸 2～3 千克、食盐60～

80 克、红糖 250 克的比例喂饲，促进恶露的排出，补充因产犊引起的水分损失。4 天后喂给适量的精料和多汁饲料，随后每天适当增加精料喂量，每天不超过 1 千克。

一般产后 1 周的母牛，应饮用温水，水温 37～38℃，以后逐渐降至常温。

四、哺乳母牛的饲养管理

本地黄牛、肉用品种、杂交母牛，泌乳期一般分为哺乳前期（分娩至产后 3 个月）和哺乳后期（产后第 4 个月至犊牛断奶）；乳肉兼用品种、乳用品种，泌乳期分为泌乳初期、泌乳盛期、泌乳中期和泌乳后期，其饲养管理可参照乳用牛的管理方法。

1. 哺乳前期母牛的饲养

这一时期要提高日粮的营养浓度，选择优质粗饲料，保证矿物质的供应。可采用引导饲养法，母牛产犊后，每天增加 0.45 千克精料补充料，直到泌乳高峰过后。

放牧饲养时，早春产犊母牛处于放牧地牧草供应不足的时期，要特别注意哺乳母牛前期的补饲。除补饲秸秆、青干草、青贮料等外，每天补饲精料补充料 2 千克左右，同时注意补充矿物质、维生素，促进产后母牛的发情与配种。

2. 哺乳后期母牛的饲养

应根据母牛的体况和粗饲料供应情况确定精饲料喂量，混合精料每天一般补充 1～2 千克，并补充矿物质、维生素添加剂。多供给青绿多汁饲料，日粮以青粗饲料为主。

放牧母牛主要补充食盐、钙、磷及微量元素。

3. 哺乳母牛管理

①舍饲母牛应每头有 20 米² 的运动场，每天运动 3～4 小时。

②保证充足清洁的饮水，放牧地设饮水点，舍饲时最好自由饮水。

③做好乳房护理，每天用热毛巾热敷、按摩乳房 12 次，每次 5～10 分钟，防止乳房炎。

④产后 49 天左右开始观察母牛产后发情情况，做好发情记录，及时配种。

五、肉用犊牛的饲养管理

犊牛是指出生至断奶阶段的牛。肉用犊牛的培养目标是尽早哺喂初乳，提早补料给草，提高犊牛成活率。犊牛分为出生期犊牛（产后至 7 日龄）、常乳期犊牛（8 日龄至断奶）。肉用犊牛一般 5～6 月龄断奶，乳用品种公犊多在 2～3 月龄断奶。

（一）新生犊牛的饲养管理

犊牛出生后体温调节能力低，适应环境变化的能力和机体免疫机能差，在此期间的饲养管理至关重要，是保证犊牛成活率的关键时期。初生犊牛的护理主要包括清除口、鼻及体表的黏液，剥去软蹄，断脐，称重，编号和哺喂初乳等。

1. 出生犊牛的处理

犊牛出生后，应立即将口鼻部黏液擦净，以利呼吸。如犊牛出生后不能马上呼吸，可握住犊牛的后肢将犊牛吊挂并拍打胸部，使犊牛吐出黏液。通常情况下，犊牛的脐带自然扯断。未扯断时，用消毒剪刀在距腹部 6～8 厘米处剪断脐带，将脐带中的血液和黏液挤挣，用 5%～10% 碘酊药液浸泡 2～3 分钟即可，脐带的断端不宜结扎或包扎。

2. 哺喂初乳

初乳是母牛产犊后 5～7 天内所分泌的乳汁，初乳营养丰富，尤其是蛋白质、矿物质和维生素 A 的含量比常乳高。在蛋白质中含有大量的免疫球蛋白，对增强犊牛的抗病力具有重要作用。初乳中镁盐较多，有助于犊牛排出胎粪。

犊牛要及时哺喂初乳，以增强初生犊牛的抵抗力。犊牛出生后 0.5～1.0 小时应吃到初乳。体弱的犊牛可迟至 2 小时。

3. 初乳的哺喂量和哺喂方法

肉用犊牛一般随母哺乳。如果母子分开饲养，应保证每天哺乳犊牛 3～4 次。乳用品种公犊等采用人工哺乳，使用哺乳壶或哺乳桶哺乳。哺喂初乳最好用经过严格消毒的带橡胶奶嘴的奶壶哺喂，除出生后的第 1 天喂奶 3～4 次外，以后每天分为 2～3 等份，分 2～3 次进行哺喂。挤出的初乳应立即哺喂，如温度降低，应水浴加热至 35～38℃。

哺喂初乳 6～7 天后转入犊牛群，用常乳哺喂。

如果犊牛得不到初乳，需要用奶粉或常乳饲喂时，应添加维生素 A、维生素 D 和维生素 E。

4. 编号

为方便管理、建立溯源系统，需要对牛进行编号。编号的方法有剪耳号、戴耳牌、冷冻烙号，大型牛场主要使用电子耳标。

5. 犊牛栏的选择

初生犊牛最好饲养在犊牛栏里，栏内垫上干净、柔软的垫草。犊牛舍的温度，冬季不低于 10～15℃，夏季不高于 20～25℃。

（二）常乳期犊牛的饲养

1. 常乳饲喂

乳用犊牛在初乳期过后，开始哺喂常乳。肉用犊牛一般采用随母哺乳，即犊牛出生后一直跟随母牛哺乳、采食和放牧。

人工哺乳每天的哺乳量可按犊牛体重的 1/10 喂给，每天喂 2 次。随着固体饲料采食量的增加，逐渐减少哺乳量。规模牛场可采用保姆牛哺育法，一般用低产奶牛作保姆牛，根据哺乳量带 2～4 头犊牛，便于管理，节省劳力，也有利于繁殖母牛产后及早发情配种。

2. 早期饲喂植物性饲料

为满足犊牛的营养需要，促进瘤胃和消化腺的发育，需要早期训练犊牛采食各种饲料，以加强犊牛消化器官的锻炼。

（1）饲喂精料　在犊牛 10～15 天时，开始诱食、调教，初期在犊牛喂完奶后用少量精料涂抹在其鼻镜和嘴唇上，或撒少许于奶桶上任其舔食，使犊牛形成采食精料的习惯。最初每天每头喂干粉料 10～20 克，逐渐增加，数日后可增至 80～100 克。待适应一段时间后，便可训练犊牛采食"干湿料"，即将干粉料用温水拌湿，经糖化后饲喂，这样可提高适口性，增加采食量。干湿料的喂量随日龄增长而增加，到1月龄时日采食犊牛料250～300克，2月龄时日采食500～600克。犊牛精料的配方见表2-1。

表2-1　犊牛混合精料配方　　　单位：%

饲料种类	配方1	配方2
玉米	37.0	41.0
高粱	10.0	10.0
大麦	10.0	—
糠麸类	15.0	20.0
饼粕类	24.0	25.0
骨粉或磷酸氢钙	2.0	2.0
食盐	1.0	1.0
维生素A/(国际单位/千克)	3800	3800
维生素D/(国际单位/千克)	600	600
微量元素添加剂	1.0	1.0

（2）饲喂干草　从1周龄开始，在牛栏的草架内添入优质干草（如豆科青干草等），训练犊牛自由采食，以促进瘤、网胃发育，并防止舔食异物。

（3）饲喂青绿多汁饲料　青绿多汁饲料如胡萝卜、甜菜等，在犊牛20日龄时开始补喂，以促进消化器官的发育。每天先喂20克，到2月龄时可增加到1～1.5千克，3月龄为2～3千克。

（4）青贮饲料　从犊牛2月龄时开始喂给青贮饲料，

最初每天每头 100～150 克，3 月龄时可喂到 1.5～2.0 千克，4～6 月龄时增至 4～5 千克。

（三）犊牛的管理

1. 去角

7～10 天去角，用烧红的烙铁烧烙角基部 15～20 秒，直到角的生长点被破坏。或用特制的电烙铁去角，电烙铁顶端做成杯状，大小与犊牛角的底部一致，通电加热后，烙铁的温度各部分一致，没有过热和过冷的现象。使用时将烙铁顶部放在犊牛角部，烙 15～20 秒，或者烙到犊牛角四周的组织变为古铜色为止。用此法去角不出血，在全年任何季节都可使用，但只能用于 35 天以内的犊牛。

2. 饮水

哺乳期要供给充足的饮水。因为奶中所含水分不能满足犊牛正常代谢需要，补水的方法最初可在牛乳中加 1/3～1/2 的热水，同时在运动场内设水槽，任其自由饮水。

3. 运动与放牧

除阴冷天气外，出生 10 天后即可让犊牛在户外自由活动，几周后还应适当进行驱赶运动（每天 1 小时左右），以增进体质。运动场设草架、盐槽供犊牛随意采食。犊牛从 15～20 日龄开始可在种植优质牧草的草场进行放牧运动。

4. 做到"三勤""三净"

"三勤"即勤打扫圈舍，勤换垫草，勤观察犊牛的食欲、精神和粪便情况。"三净"即饲料净、畜体净和工具净。犊牛饲料不能含有铁丝、铁钉、牛毛、粪便等杂质。坚持每天 1～2 次刷拭牛体，促进牛体健康和皮肤发育，减少体内外寄生虫病。刷拭时可用软毛刷，必要时辅以硬质刷子。每次用完的奶具、补料槽、饮水槽等一定要洗刷干净，保持清洁。

5. 分圈

将母牛、犊牛分开饲养。犊牛可采取圈内群养。

6. 做好定期消毒

冬季每月至少进行 1 次，夏季 10 天 1 次，用苛性钠、石灰水或来苏尔对地面、墙壁、栏杆、饲槽、草架进行全面彻底消毒。如发生传染病或有死畜现象，必须对其所接触的环境及用具做临时性突击消毒。

（四）犊牛的断奶

肉用犊牛一般 5～6 月龄断奶，早期补饲的犊牛可提前到 3～4 月龄断奶。随母哺乳的犊牛，在断奶前 15 天左右开始，先由任意哺乳改为每天 4～5 次定时哺乳，5～6 天后改为每天 2～3 次，再经 4～5 天后改为每天 1～2 次，最后几天改为每天 1 次，逐渐减少哺乳次数，最后母子隔离饲养。

断奶期间，供给犊牛充足的饮水，舍内设饮水槽。

人工哺乳的犊牛，随着固体饲料采食量的增加，逐渐减少哺乳量，当混合精料采食量达到 1 千克时可以断奶。

六、架子牛的饲养管理

架子牛是指从断奶到育肥前的牛。架子牛由于环境条件恶劣和日粮营养水平较低，幼牛生长速度下降，而骨骼和内脏基本发育成熟，但肌肉和脂肪组织尚未充分发育，具有较大的育肥潜力。

架子牛根据年龄可分为犊牛、1 岁牛、2 岁牛、3 岁牛。架子牛育肥是我国肉牛生产的主要方式。

（一）架子牛的补偿生长

架子牛有补偿生长特性。补偿生长，是幼牛在生长发育的某个阶段，如果营养受限（饲料贫乏、饲喂量不够、饲料质量不好等），则生长受阻、生长速度减慢、增重幅度减少甚至体重下降，但在后期某个阶段一旦解除营养限制，恢复高营养水平时，则其生长速度就会比正常饲养的牛要快，快速增重，经过一段时间后，仍能恢复正常体重，结果不但不影响出栏体重，还可以改善饲料效率。利用补偿生长的特性，可以在不明显影响培育和育肥效果的前提下，降低饲养成本，提高经济效益。

利用架子牛的补偿生长特性，可以在饲料紧缺或价格偏高的季节，或市场牛肉价格偏低时，暂时减少精饲料喂量，降低能量进食水平。虽然生长速度有所降低，但饲料条件一旦好转，通过较高水平的饲养，仍可在一定程度上恢复或加快增重速度；采用"犊牛-架子牛-育肥牛"一贯生产制的农户和牧场，可以人为地限制饲料采食量以限制营养，生产高质量的架子牛和育肥牛；也可采购架子牛进行育肥。

但补偿生长是有条件的，运用不当时，会受更大损失。生长受阻若发生在 3 月龄或胚胎期，则以后很难补偿，生长受阻时间越长，越难补偿，限制饲喂应在 6 月龄之后；一般以 3 个月内，最长不超过 6 个月补偿效果较好。补偿能力与进食量有关，进食量越大，补偿能力越强，养分进食量的限制程度应不低于正常饲喂情况下采食的养分量的 65％；补偿生长特性适合生产红肉，不适合生产"大理石"或"雪花"牛肉。

（二）优秀架子牛的培育要点

1. 品种

肉用品种的牛比乳用牛、兼用牛生长快，可早期进入育肥阶段，节约饲料，提前出栏、产肉率高、肉质好。

西门塔尔牛对黄牛的改良效果，从日增重和饲料转化率方面综合比较，相对经济。我国黄牛中的晋南牛、秦川牛、鲁西牛、南阳牛、延边牛等也是很好的品种。

2. 年龄

不同年龄阶段的牛，生长速度和饲料转化率不同。肉牛 1 岁时饲料转化率最高，增重最快，2 岁时为 1 岁时的 70%，3 岁时只有 2 岁时的 50%。应根据生产目的选择合适年龄段的架子牛和育肥时间。育肥 1～2 岁的架子牛较好，通常由牧场或农户选购至育肥场育肥。

3. 性别

生长牛的增重速度、饲料转化率均以公牛最高，阉牛次之，母牛最低。肉骨比以公牛最高，母牛和阉牛相近似。

母牛和早期去势牛的肌纤维细，结缔组织较少，肉质好于育肥的公牛。

4. 杂交

品种杂交能加快杂交后代的生长速度、提高饲料利用率和出肉率，比纯种牛多产肉 10%～15%。我国常见的杂交牛的杂交组合如下。

（1）与外来种的二元杂交组合　黄牛×西门塔尔牛（或利木赞牛、夏洛莱牛、安格斯牛、皮埃蒙特牛、BMY牛、海福特牛）。

（2）与黄牛的二元杂交组合　黄牛×秦川牛（或鲁西

牛、延边牛、南阳牛、晋南牛）。

（3）三元杂交组合　以上的二元杂交组合×终端父本（或西门塔尔牛、利木赞牛、夏洛莱牛）。

5. 环境条件

最适合育肥的环境温度是 8～16℃。低气温会加大饲料消耗量甚至引起掉膘，高温同样因为降低食欲引起掉膘。

（三）架子牛的饲养管理

架子牛阶段主要是保证骨骼正常发育，一般在犊牛断奶后以粗饲料为主，达到一定体重后进行育肥。架子牛饲养要以降低生产成本为主要目的，而不以生长速度高为目标，一般日增重维持在 0.4～0.6 千克。

架子牛利用青粗饲料的能力较强，日粮应以粗饲料为主。架子牛的饲养可采取放牧或舍饲的方式，放牧成本最低。

第二节　肉牛育肥实用技术

一、三种育肥方式

1. 放牧育肥

放牧育肥是指从犊牛育肥到出栏，完全采用草地放牧而不补充任何饲料的育肥方式。这种育肥方式适合人口较少，土地充足，草地广阔，降雨量充沛，牧草丰盛的牧区和半农半牧区。例如新西兰肉牛育肥基本上以这种方式为主，一般自出生到饲养至18个月龄，体重达400千克便可出栏。

如果有较大面积的草山草坡可以种植牧草，在夏天青草期除供放牧外，还可保留一部分草地，收割调制青干草或青贮料作为越冬饲用，较为经济，但饲养周期长。

有荒山草地的地方，在牧草丰盛的季节应放牧饲养。在其他季节，以放牧结合补饲方式育肥，效果较好。一般质量较好的牧地，可进行分区轮牧或条牧。先将牧地依牛群大小划分为几片，用刺篱、铁丝等隔开，清除有毒植物，然后将牛群赶入，每片连续放牧7～15天左右，再按顺序到其他片区放牧。

牧草中钾含量高而钠含量低，须补充食盐。可在水源附近设置矿物质舔食槽，根据本地区所缺乏的矿物质及其缺乏程度，按比例将食盐、骨粉、石粉等混合均匀放入舔食槽，任牛自由舔食，也可在牧地放置矿物质舔砖来补充盐分的不足。矿物质饲料中一般应含有钙、磷、钠、氯、铜、锌、硒、锰等，内陆地区应加碘。

单靠放牧青草而无法达到计划的日增重指标时，必须回圈补充精料。

2. 半舍饲半放牧育肥

夏季青草期牛群采取放牧育肥，寒冷干旱的枯草期把牛群于舍内圈养，这种半集约的育肥方式称为半舍饲半放牧育肥。

此法通常适于热带地区，当地夏季牧草丰盛，可满足肉牛生长发育的需要，而冬季低温少雨，牧草生长不良或不能生长。

我国东北地区，也可采用这种方式，但由于牧草不如热带丰盛，夏季一般采取白天放牧、晚间舍饲，并补充一定精料，冬季全天舍饲。

采用半舍饲半放牧育肥，应将母牛控制在夏季牧草期开始时分娩，犊牛出生后，随母牛放牧自然哺乳。母牛因在夏季有优良青嫩牧草可供采食，泌乳量充足，能哺育出健康犊牛。当犊牛生长至5～6月龄时，断奶重达到100～150千克，随后采用舍饲，补充一点精料过冬。在第2年青草期，采用放牧育肥，冬季再回到牛舍舍饲3～4个月即可达到出栏标准。

采用这种育肥方式，不但可利用最廉价的草地放牧，节约投入支出，而且犊牛断奶后可以低营养过冬，在第2年青草期放牧能获得较理想的补偿增长。

采用此种方式育肥，还可在屠宰前有3～4个月的舍饲育肥，从而达到最佳的育肥效果。

3. 舍饲育肥

舍饲育肥是农区和农牧交错带常采用的方式。舍饲育肥有以下三种饲养方式。

（1）定时上槽　每日定时上槽 2～3 次，饲喂后放于运动场自由运动、自由饮水，或饮水后拴系于舍外。这是一种传统的舍饲方式。由于采食、饮水、活动都受到不同程度的限制，因此使牛的生长发育受到抑制，同时上下槽加大了饲养员的工作量。

（2）小栏散养　每个小围栏放 6～7 头牛，自由或定时采食，自由饮水、运动。由于牛的采食时间充足，饮水充分，并充分应用了牛的竞食性，因此能提高饲料利用率，充分发挥其生长发育的潜力，同时省人工，是一种值得推广的舍饲方式。

（3）全天拴系　自由采食和饮水，定时给料。这种方式省工、省场地，在同样饲料条件下，由于活动量减少到最低限度，提高了日增重约 10%，是一种值得推广的舍饲方式。

二、肉牛的育肥技术

按照育肥对象不同，肉牛育肥可分为犊牛育肥、幼龄牛强度育肥、架子牛育肥、成年牛育肥。

（一）犊牛育肥

1. 犊牛肉的种类及特点

犊牛育肥是肉牛持续育肥的生产方式之一。使用犊牛所生产的牛肉有白牛肉、红牛肉和普通犊牛肉。

（1）白牛肉　犊牛出生后仅饲喂鲜奶和奶粉，不饲喂任何固体饲料，犊牛月龄达到3～5个月、体重达150～200千克时，即进行屠宰，这样生产的牛肉称为白牛肉。

（2）红牛肉　犊牛出生后仅饲喂玉米、蛋白质补充料和营养性添加剂，而不饲喂任何粗饲料，当月龄达7个月、体重达350千克左右时屠宰，这样所生产的犊牛肉称为红牛肉。

（3）犊牛肉　犊牛出生后，饲喂高营养日粮，包括精料和粗料，快速催肥，月龄达到12个月、体重达到450千克左右时屠宰所得到的牛肉为犊牛肉。

2. 犊牛的选择

生产犊牛肉大多是以淘汰的乳用或兼用牛的公犊。可选荷斯坦公犊，喂过5天初乳后即转入饲养场。乳用品种公犊牛生长快，饲料转化效率高，肉质好，适合生产犊牛肉。出生重宜在40千克以上，平均重量45千克。

犊牛应健康无病，无不良遗传症状，无生理缺陷，饮过初乳，体型结实。

（1）白牛肉的生产　从出生到100～150日龄，全期仅饲喂鲜奶和低铁奶粉，不饲喂其他固体饲料。这种牛肉鲜嫩、多汁，有乳香味，肉色全白或稍带浅粉色，是一种昂贵的高档牛肉。

平均每生产 1 千克白牛肉需要消耗鲜奶 11.0～12.4 千克或者消耗奶粉 1.3～1.46 千克。

（2）红牛肉的生产 乳用品种公犊牛断奶后使用一般精饲料育肥，饲养到 7 月龄时体重达 350～370 千克出栏。在哺乳期间不补粗饲料，只饲喂整粒玉米与少量添加剂，断奶后完全用整粒玉米和蛋白质补充料及营养添加剂。饲喂方式为自由采食，预计每头日进食量为 6～8 千克，日增重达 1.3～1.5 千克。如改为玉米粒压扁或粗粉饲喂效果还会更好。

（3）犊牛肉的生产 一般选择大型肉牛与黄牛杂交一代的小公牛杂交犊牛或荷斯坦乳用品种公犊。

在初生重 38～40 千克的基础上饲养 365 天，日增重为 1.213 千克。饲养结束时，荷斯坦公牛的体重可达450～500 千克，杂交一代公牛约为 300 千克。犊牛每增重 1 千克消耗日粮干物质 6.59～7.29 千克，其中包括精料 3.22～5.82 千克和粗饲料 1.9～3.75 千克。

（二）育成牛持续育肥

利用牛早期生长发育快的特点，在犊牛 5～6 月龄断奶后直接进入育肥阶段，提供高营养水平，进行强度育肥，在 13～24 月龄出栏时体重达到 360～550 千克。这类牛肉鲜嫩多汁，脂肪少，适口性好，属于高档牛肉的一种。

持续育肥分为舍饲强度育肥和放牧补饲强度育肥。

1. 舍饲强度育肥技术

舍饲强度育肥指在育肥的全过程中采用舍饲，不进行放牧，保持始终一致的较高营养水平，一直到肉牛出栏。采用该种方法，肉牛生长速度快，饲料利用率高，加上饲养期短，所以育肥效果好。

舍饲强度育肥分为 3 期进行，一是适应期，刚进舍的断奶犊牛不适应环境，一般要有 1 个月左右的适应期；二是增肉期，一般要持续 7～8 个月，分为前后两期；三是催肥期，主要是促进牛体膘肉丰满，沉积脂肪，一般为 7～8 个月。

舍饲强度育肥饲养管理的主要措施有如下几个。

（1）合理饮水与给食　从市场购回断奶犊牛，或经过长距离、长时间运输进行易地育肥的断奶犊牛，进入育肥场后要经受饲料种类和数量的变化，尤其从远地运进的易地育肥牛，胃肠食物少，体内严重缺水，应激反应大。因此，第 1 次饮水量应限制在 10～20 千克，切忌暴饮。如果每头牛同时供给人工盐 100 克，则效果更好。第 2 次给水时间应在第 1 次饮水后 3～4 小时，此时可自由饮水，水中如能掺些麸皮则更好。当牛饮水充足后，便可饲喂优质干草。第 1 次应限量饲喂，按每头牛 4～5 千克供给，第 2～3 天逐渐增加喂量，第 5～6 天后才能让其自由充分采食。

青贮料从第 2～3 天起喂给，精料从第 4～5 天开始供给，也应逐渐增加，而不要一开始就大量饲喂。开始时按牛体重的 5‰供给精料，5 天后按 1‰～1.2‰供给，10 天后按 1.6‰供给，过渡到每日将育肥喂量全部添加。经过 15～20 天适应期后，采用自由采食法饲喂，这样每头牛不仅可以根据自身的营养需求采食到足够的饲料，且节约劳力。同时，由于牛不同时采食，故可减少食槽。

（2）隔离观察 从市场新购回的断奶犊牛，应进行隔离观察饲养。发现异常，及时诊治。

（3）分群 隔离观察结束，按牛的年龄、品种、体重分群，以利育肥。一般 10～15 头牛分为一栏。

（4）驱虫 为了保证育肥效果，对购进的育肥架子牛应驱除体内寄生虫。驱虫可从牛入场第 5～6 天进行，驱虫 3 天后，每头牛口服"健胃散"健胃。驱虫可每隔 2～3 个月进行 1 次。

（5）合理去势 舍饲强度育肥时可不对公牛去势。试验研究表明，公牛在 2 岁前不去势育肥比去势后育肥不仅生长速度快，而且胴体品质好，瘦肉率高，饲料报酬高。2 岁以上公牛以去势后育肥较好，否则不但不便于管理，且肉脂会有膻味，影响胴体品质。

采用全舍饲、高营养饲养法集中育肥，日增重保持在 1.2 千克以上，周岁时结束育肥，体重达 400 千克以上。

（6）根据肉用品种阉牛生长育肥的营养需求，结合粗

饲料资源，配制精饲料。育肥期混合精料配方为玉米
75%、油饼类 10%～12%、糠麸类 10%～12%、石粉或
磷酸氢钙 2%、食盐 1%，混合精料加适量微量元素和维
生素。精料日喂量达到 3～5 千克。

（7）肉牛宜拴系饲养，定量喂给精料、辅助饲料、粗
料不限量；自由饮水，冬天饮水温度不低于 20℃；尽量限
制其活动，保持环境安静。公牛不去势，但要远离母
牛圈。

若育肥育成母牛，则日料量较阉牛增加 10%～15%。
若育肥乳用品种育成公牛，则所需精料量较肉用品种高
1% 以上。

这种方法生产的牛肉仅次于犊牛肉，而成本较犊牛育
肥法低。但该法精料消耗较大，只适用在饲草饲料资源丰
富的地方应用。

2. 放牧补饲强度育肥技术

本法是在有放牧条件的地区，犊牛断奶后，以放牧为
主，根据草场情况，适当补充精料或干草的强度育肥方
式。要实现在 18 月龄体重达到 400 千克这一目标，要求
犊牛哺乳阶段，平均日增重达到 0.91 千克，冬季日增重
保持 0.4～0.6 千克，第二个夏季日增重 0.9 千克。在枯
草季节每天每头喂精料 1～2 千克。

该方法的优点是精料用量少，饲养成本低；缺点是日

增重较低。在我国北方草原和南方草地较丰富的地方，本法是肉牛育肥的一种重要方式。

技术要点如下。

(1) 合理分群，以草定群 牛群可根据草原、草地大小而定，草场资源丰富，牛群一般以 30～50 头一群为好。放牧时，实行轮牧，防止过牧。120～150 千克活重的牛，每头牛应占有 1.3～2 公顷草场；300～400 千克活重的牛，每头牛应占有 2.7～4 公顷的草场。

(2) 合理放牧 放牧时，牧草在 12～18 厘米高时牛采食最快，10 厘米以下牛难以食入。因此春季不宜过早放牧，等草长到 12 厘米以上时再开始放牧，否则牛难以吃饱，造成"跑青"损失。北方牧场在每年的 5～10 月份、南方 4～11 月份为放牧育肥期，牧草结实期是放牧育肥的最好季节。每天的放牧时间不能少于 12 小时。最好设有饮水设备，并备有食盐砖块，任其舔食。当天气炎热时，应早出晚归，中午多休息。

(3) 合理补饲 不宜在出牧前或收牧后立即补料，应在回舍后过几小时在补饲，每天每头牛补喂精料 1～2 千克，否则会减少放牧时牛的采食量。对放牧的肉牛饲喂瘤胃素可以起到提高日增重的效果，每日每头饲喂 150～200 毫克瘤胃素，可以提高日增重 23%～45%。以粗饲料为主的肉牛，每日每头饲喂 150～200 毫克瘤胃素，也可以提高日增重 13.5%～15%。

（4）定期防疫　放牧育肥牛要定期注射倍硫磷，以防牛皮蝇的侵入损坏牛皮。定期药浴，驱除牛体外寄生虫，定期防疫。

3. 放牧及舍饲加放牧持续育肥法

此种育肥方法适宜于9～11月出生的犊牛。哺乳期日增重0.6千克，断奶时达到70千克。断奶后以喂粗饲料为主。进行冬季舍饲，自由采食青贮料或干草，日喂精料不超过2千克，平均日增重0.9千克，到6月龄体重达到180千克。然后在优良牧草地放牧，平均日增重保持0.8千克，到12月龄可达到320千克左右，转入舍饲，自由采食青贮料或青干草，日喂精料2～5千克，平均日增重0.9千克，到18月龄时体重达490千克。

（三）架子牛育肥

架子牛育肥又称后期集中育肥，是指犊牛断奶后，在较粗放的饲养条件下饲养到一定年龄阶段，然后充分利用牛的补偿生长能力，采用强度育肥方式，集中育肥3～6个月，达到理想体重和膘情时屠宰。这种方式也称为异地育肥，育肥成本低，精料用量少，经济效益较高，在黄牛育肥上被广泛应用。

山区、牧区和农区均可充分挖掘草料资源开展架子牛就地育肥。山区、牧区有放牧之利，可生产成本低廉的架子牛；农区有丰富的农副产品，粮食丰裕，有育肥牛的条件；因此山区、牧区、农区应结合发展架子牛异地育肥生产。

1. 架子牛的选择

（1）品种 在相同的育肥条件下，杂交牛的日增重、饲料利用率、肉的质量、屠宰率和经济效益均好于本地牛。首选良种肉牛或肉乳兼用牛及其与本地牛的杂交牛，其次选荷斯坦公牛和荷斯坦公牛与本地牛的杂交后代。我国地方良种牛如鲁西牛、秦川牛、南阳牛等以及它们与外来牛种的杂交后代，都可选作架子牛育肥。

（2）年龄 年龄对育肥牛增重影响很大，最好选择1～2岁的牛进行育肥。选择架子牛时应把年龄的选择与饲养计划、生产目的等因素结合起来综合考虑。如计划饲养3～5个月出售，则应选购1～2岁的架子牛；秋天购买架子牛，第2年出栏，则应选购1岁左右的牛，而不宜购买大牛；利用大量粗饲料育肥的，选择2岁牛较为合适。

（3）去势 不去势公牛的生长速度和饲料转化率高于阉牛，且胴体的瘦肉多、脂肪少。阉牛的增重速度比公牛慢10%，但阉牛育肥其大理石花纹比较好，肉的等级高。生产一般的优质牛肉最好将公牛在1岁左右去势，生产优质高等级切块（如雪花牛肉），应该在犊牛断奶前5月龄左右去势。

（4）体重　选购具有适宜体重的牛，在同一年龄阶段，体重越大、体况越好，育肥时间就越短，育肥效果也好。一般杂交牛在一定的年龄阶段其体重范围大致为，6月龄体重120～200千克、12月龄体重180～250千克、18月龄体重220～310千克、24月龄体重280～380千克。

2. 新购架子牛的管理

（1）隔离　新购进的牛要隔离饲养10～15天，让牛熟悉环境，适应草料。注意观察牛的精神状态、采食情况、粪尿情况。

（2）饮水　肉牛到场休息半小时后再饮水。根据体重大小每头饮水不超过10千克左右；第2次可在3～4小时后进行。

（3）饲喂　饮水后饲喂青干草，根据体重大小每头2～5千克，逐渐增加，5天后自由采食。精饲料一般2～4天开始饲喂，由少到多，逐渐添加，一般到15天时喂量不超过1～1.5千克。

（4）分群　按年龄、品种、体重分群。每头牛占围栏面积4～5米^2。

（5）驱虫、健胃、防疫　1周后进行驱虫，一般可选用阿维菌素。驱虫3日后，每头牛口服"健胃散"350～400克。驱虫可每隔2～3个月进行1次。根据当地疫病流行情况，进行疫苗接种。

（6）所有的牛都需打耳标、编号、标记身份。

3. 架子牛育肥方法

架子牛育肥主要有高能日粮强度育肥法、酒糟育肥法、青贮料育肥法、氨化秸秆育肥法等。

（1）高能日粮强度育肥法　是一种精料用量很大而粗料比例较少的育肥方法。购进后，第1个月为过渡期，主要是饲料的适应过程，逐渐加大精料比例。第2个月开始，即按规定配方强化饲养，其配方的比例为玉米65％、麸皮10％、油饼类20％、矿物质类5％。日喂量可达到每80千克体重喂给1千克混合精料。饲草以青贮玉米秸或氨化麦秸为主，任其自由采食，不限量。日喂两三次，食后饮水。尽量限制运动，注意牛舍和牛体卫生，环境要安静。

（2）糟渣育肥法　用酒糟为主要饲料育肥肉牛，是我国育肥肉牛的一种传统方法。酒糟是以富含碳水化合物的小麦、玉米、高粱、瓜干等为原料的酿酒工业的副产品，酿酒过程中只有2/3的淀粉转变为酒精。酒糟中含有酵母、纤维素、半纤维素、脂肪和B族维生素。

育肥牛要根据性别、年龄、体重等进行分群，驱除体内、外寄生虫。育肥期一般为3～4个月。开始阶段，大量喂给干草和粗饲料，只给少量酒糟，以训练其采食能力。经过15～20天，逐渐增加酒糟用量，减少干草喂量。

到育肥中期，酒糟量可以大幅度增加。

日粮组成应合理搭配少量精料和适口性强的其他饲料，特别注意添加维生素制剂和微量元素，以保证其旺盛的食欲。据报道，用酒糟和精料育肥肉牛，可取得较高日增重。酒糟 15～20 千克、玉米面 2.5 千克、豆饼 1 千克、骨粉 50 克、食盐 50 克、玉米秸（或稻草）2.5 千克，中午以饲草为主，添加少量精料，早晚以酒糟、精料为主，育肥肉牛平均日增重可达 1.3～1.65 千克。

用豆腐渣喂牛也能取得良好的效果。每日每头牛饲喂豆腐渣 20 千克、玉米面 0.5 千克、食盐 30 克、谷草 5 千克，平均日增重可达 1 千克左右。

（3）青贮料育肥法　玉米秸青贮是育肥肉牛的好饲料，再补喂一些混合精料，能达到较高的日增重。

选择 300 千克以上的架子牛，预饲期 10 天，单槽舍饲，日喂 3 次，日给精料 5 千克，精料的比例为玉米 65%、麸皮 12%～15%、油饼类 15%～20%、矿物质类 4%。利用青贮玉米秸育肥牛时，随着精料喂量的逐渐增加，青贮玉米秸的采食量逐渐下降，增重提高，但成本增加。

（4）氨化秸秆育肥法　以氨化秸秆为唯一粗饲料，育肥 150 千克的架子牛至出栏，每头每天补饲 1～2 千克的精料，能获得 500 克以上的日增重，到 450 千克出栏体重需要 500 天以上，这是一种低精料、高粗料长周期的肉牛育肥模式，这种模式不适合规模经营要求快周转、早出栏的特点。但如果选择体重较大的架子牛，日粮中适当加大精料比例，并喂给青绿饲料或优质干草，日增重也可达1千克以上。

选择体重350千克以上的架子牛进场后10天内为训饲期，训练采食氨化秸秆。

开始时少给勤添，逐渐提高饲喂量。进入正式育肥阶段，应注意补充矿物质和维生素。矿物质以钙、磷为主，另外可补饲一定量的微量元素和维生素预混料。

秸秆的质量以玉米秸为最好，其次是麦秸，最差是稻草。在饲喂前应放净余氨，以免引起中毒。霉烂秸秆不得喂牛。育肥350千克架子牛，平均日增重1千克以上，至450千克体重出栏需100天左右的时间。但必须适当补饲精料。精料配合比例是玉米65%、油饼类10%～12%、麸皮类18%～20%、矿物质类5%，包括磷酸氢钙、贝壳粉、微量元素和维生素预混料、食盐、小苏打等。

（5）放牧及放牧加补饲育肥法 此法简单易行，适宜山区、半农半牧区和牧区采用。1～3月龄，犊牛以哺乳为主；4～6月龄，除哺乳外，每日补给0.2千克精料，自由采食，同时补给25克土霉素，随母牛放牧，至6月龄末强制断奶；7～12月龄，半放牧半舍饲，每天补玉米500克、促生长添加剂20克、人工盐25克、尿素25克，补饲时间在晚8时以后；13～15月龄放牧吃草；16～18月龄经驱虫后，实行后期短期快速育肥，即整日放牧，每天分3次补饲玉米 1.5 千克、尿素 50 克、促生长添加剂 40 克、人工盐 25 克。一般育肥前期每头每日喂精料 2 千克。

（6）成年牛育肥　用于育肥的成年牛主要是役用牛、乳牛、肉用母牛群中的淘汰牛。这类牛一般年龄较大，产肉率低，肉质差，经过短期催肥，可提高屠宰率、净肉率，改善肉的味道，提高经济价值。公牛在育肥前 10 天去势。育肥期以 90～120 天为宜。有草坡的地方，可先行放牧育肥 1～2 个月，再舍饲育肥 1 个月。

育肥期内，应及时调整日粮，灵活掌握育肥期。一般日粮精料配方为玉米 72%，油饼类 15%，糠麸 8%，矿物质 5%。混合精料的日喂量以体重的 1% 为宜。粗饲料以青贮玉米或氨化秸秆为主，任其自由采食，不限量。

三、肉牛出栏期的确定

判断肉牛的适宜出栏期，一般有以下几种方法。

1. 肉牛采食量

在正常育肥期，肉牛的饲料采食量随着育肥期的增加而下降，如下降量达正常量的三分之一或更少，或日采食量（以干物质为基础）为活重的 1.5% 或更少，则是育肥结束的标志。

2. 肥度指数

利用活牛体重和体高的比例关系来判断，指数越大，育肥度越好。日本的研究认为，阉牛的育肥指数以 526 为佳。

肥度指数＝体重（千克）/体高（厘米）×100%

3. 体型外貌

利用肉牛各个部分形态来判断。当牛外观身躯十分丰满，颈显得短粗，鬐甲宽圆，复背、复腰、复臀（总合为双脊梁），全身圆润，关节不明显，触摸颈侧、前胸、脊背、后肋、尾根等处肥大，触感软绵而十分宽厚，同时表现出懒于行走、动作迟缓并出现厌食，表明已满膘，应该及时出栏。

第三节 肉牛的放牧管理

一、放牧饲养的意义

利用草原、林间草地、草山草坡等重要的饲料资源放牧饲养，可合理利用草场草地，保持生态平衡，防止水土流失。

放牧饲养的好处如下。

（1）降低饲养成本 牧草的营养价值比较全面，可以满足牛的基本需要，仅需补饲少量的蛋白质和矿物质饲料，因而降低了饲养成本。

（2）节省劳动力 减少舍饲时劳动力和设备的开支，其中包括割草、饲喂、清扫粪便和施肥所花费的劳动力等。

二、放牧行为特点

1. 牛喜食的牧草

（1）喜食牧草　牛在放牧时喜食高大、多汁、适口性优良的草类。禾本科、豆科牧草是牛最喜食的草类。菊科、莎草科、苔属、蔷薇科、十字花科和伞形科等一些草类，也都是牛喜食的草。

（2）不喜食牧草　牛不喜食味苦、气味大、含盐量高的牧草，不喜食粗糙、有茸毛的草类。多数的灌木牛都不喜食。牛在放牧地采食均匀，不大选择嫩草，亦不采食过重，利用后的再生草发育正常。

（3）牛在天然草地放牧时采食的牧草种类　家畜在选择牧草时常受心理、生理、机械因素的影响。肉牛在天然草地放牧时采食的牧草种类见表2-2。

表2-2　肉牛在天然草地放牧时采食的牧草种类　　单位：%

家畜	禾本科或豆科	阔叶杂草	灌木
肉牛	70	15	15

注：张英俊，草地与牧场管理学，2009。

（4）草地的利用　禾本科-杂类草-豆科牧草组成的草甸，亚高山及高山草甸都是牛群极喜食的牧草。牛对草原型（针茅、羊茅等）放牧地的利用不及绵羊和马。

能利用荒漠草原，但适于牛群的牧草种类不多，只能利用一些细小的禾草和一部分杂类草如蒿类。

牛也能利用南方草山，一些芒属禾本科牧草，在幼嫩阶段，牛能利用一部分；随牧草老化，利用降低。

改良后的草地，牛能很好利用。

2. 放牧行为

肉牛的放牧大部分在白天进行，每天行走 3000～4000米，但每天的行走距离随气候、环境、草场情况不同而有很大差异。放牧时牛体缓慢向前移动，将嘴贴近地面，颈向两侧转动，边走边食，头部与地面呈 60～90 度的角，采食宽度相当于体宽的 2 倍。每天放牧的时间为 4～9 小时，每分钟采食速度 30～90 口，平均 50 次。成年牛每天反刍时间为 4～9 小时，但因个体、日粮类型和采食量不同而有很大差异。在 24 小时中反刍 15～20 个周期，每个反刍期从 2 分钟到 1 小时以上不等。牛的放牧行为见表 2-3。

表 2-3　牛的放牧行为

行为		数值
放牧	放牧时间/小时	4～9
	采食总口数/口	25000
	放牧采食速度/（口/分钟）	30～90
	采食鲜草量	体重的 10%
	采食干物质量/千克	1.6～2.2
	放牧距离/千米	3～4.8

续表

行为		数值
反刍	反刍时间/小时	4～9
	反刍周期数/次	15～20
	食团数/个	360
	口数/食团	48
饮水	日饮水次数	14
活动	躺卧时间/小时	9～12
	站立时间/小时	8～9

注：邱怀，牛生产学，1995。

3. 放牧采食量

牛对牧草采食的选择性较明显，通常会依照体内营养需要调整适当的采食量来满足自身代谢的平衡。不同生产性能和不同生长时期的牛，对草料的需求不同。

一天之内，牛的采食速度也有周期性的变化。开始采食时，采食速度为 60～70 口/分钟，随后慢慢降到 30～40 口/分钟。放牧采食量受牧草的高度、密度、牧草生长的一致性、纤维化程度和牧草的叶茎比例的影响。牧草的最适高度为 12～18 厘米，低于或高于此高度多会影响其采食量。牧草高度对牛采食量的影响见表 2-4。

表 2-4　牧草高度对牛采食量的影响

牧草高度/厘米	每日采食量/千克	
	鲜草	干物质
20～40	32	7.8

续表

牧草高度/厘米	每日采食量/千克	
	鲜草	干物质
12~20	68	14.1
8~12	41	9.0

注：邱怀，牛生产学，1995。

随着牧草密度增加，每口所咬断的牧草数量也增加，故采食量增加。如果草场中有许多不毛的空间，或具有许多不可食的植物丛，或牧草被粪便覆盖不能采食，则会影响牧草采食量。牧草的纤维化程度越高，越需花费较多的时间去嚼碎，因此采食数量减少。另外，随着叶茎比的增加，牛的采食量增大，因牧草多汁，肉牛更喜食。

4. 放牧采食时间

一般情况下，一群牛常成一单位活动，同时进行采食，慢慢移动。牛连续采食牧草时间长短变异大，在草高20厘米左右时采食时间最长达30分钟，在贫瘠草地放牧，行走与啃草总时间延长，反刍缩短；茂盛的草地采食频繁使反刍时间延长。

三、放牧管理技术

放牧管理必须合理利用并保护好草场草地，严禁过牧，防止草场退化，保持生态平衡。

1. 最佳载畜量

最佳载畜量是指一定时间内单位面积土地上适宜放牧的动物头数，它不是一个常数，而是随季节、年份的不同而变化。特定草场上适宜的载畜量取决于肉牛饲养者预期的动物生产性能、植被耐受放牧的能力以及草原或牧场的改良目标。

载畜量是指特定时间、特定动物密度且对草场资源不造成破坏的载畜量。

载畜量可以根据下面的公式进行粗略计算。

$$载畜量 = \frac{粗饲料年产量 \times 季节利用率}{日平均采食量 \times 放牧季节的长短}$$

许多放牧者使用"动物单位月耗（AUM）"这个概念来估计载畜量。一个 AUM 是指体重 454 千克、泌乳力达平均水平以上、其犊牛在 4 月龄前达到 182 千克断奶体重的成年母牛每月消耗的饲料干物质为 308.7 千克（表 2-5）。如果母牛体重超过 454 千克或断奶犊牛体重超过 181.6 千克，则须对标准 AUM 进行校正。

表 2-5　不同类型肉牛所相当的动物单位数量

肉牛类型	动物单位
肉牛和犊牛(体重 454 千克,泌乳力平均数以上,春季产犊)	1.0
犊牛(春季出生,3～4 月龄)	0.30
后备母牛(24～36 月龄)	1.00

续表

肉牛类型	动物单位
母牛(体重454千克,非泌乳期)	0.90
周岁犊牛(12～17月龄)	0.70
断奶牛(＜12月龄)	0.50
周岁公犊牛	1.20
成年公牛	1.50

注：昝林森，牛生产学（第2版），2007。

2. 放牧季节

在牧草生长最旺盛期（此时期产量高、营养价值高）和在牧草成熟期到达之前进行放牧。为了提高草场质量，必须繁衍理想的牧草种类。

进行草地放牧育肥肉牛时，不要过早放牧，因为初春牧草含水量高，所含能量低。

3. 分群放牧

为了便于放牧管理，提高草场利用率，应实行分群放牧。可划分为公牛、母牛、青年牛和育肥牛等放牧群，牛群的大小一般以30～50头较好。

4. 划区轮牧

为合理利用并保护草场，应实行划区轮牧。牧地可分为若干区，小区可划分为5～6个，每个小区放牧时间以牛能吃饱而不踩踏草地并以预防寄生虫为原则。轮牧时间与次数应根据当地的草场质量灵活掌握，一般情况下轮牧时间为 5～6 天，次数为 2～4 次，水源充足的好草场轮牧次数可增加到 4～5 次，轮牧周期为 25～30 天或 30～40 天。

有条件时应在草地修建围栏，可实现有计划地轮牧，便于管理牛群，节省人力。

5. 放牧时间

尽量让肉牛早出晚归，放牧时间每天要达到 8 小时，中午让肉牛在就近的树阴下反刍，每天让肉牛吃 2～3 次饱。

6. 补饲

应根据当地饲料资源、价格和适口性配制精饲料，要充分利用当地廉价的农副产品。通常能量料占 70％～75％、蛋白质料占 25％～30％、盐占 1％～2％。

补饲量一般不超过肉牛体重的 1％，过低达不到快速育肥的目的，过高则影响肉牛在放牧期间对粗饲料的采食，增加饲养成本。补精饲料的时间应在放牧后 2～3 小时进行。

7. 放牧应注意的问题

放牧场地离饲养地不要超过 3 千米，以利于补料。如果草场太远，应建立临时简易牛舍，在草场或途中应有水源以保证肉牛饮水。

在放牧时要注意补喂食盐，每头成年牛每天补给30～50克。为弥补放牧肉牛矿物质和微量元素的缺乏，可在牧场放置矿物质舔砖。

根据牧草生长和被采食情况，定期变换放牧地点，保证肉牛吃饱又不出现过牧现象。

第三章

林地养肉牛疾病诊断与合理用药

❧❧ 第一节 牛病的诊断 ❧❧

一、肉牛的正常生理指标

1. 肉牛正常生理指标数值

肉牛的正常生理指标数值范围见表3-1。

表3-1　肉牛体温、脉搏、呼吸数正常范围值

项目	犊牛	成年牛
体温/℃	38.5～39.5	38～39.3
呼吸/(次/分钟)	10～30	10～30
脉搏/(次/分钟)	80～120	40～80

2. 牛的体温测量

体温以直肠温度为标准。检查者站在牛体侧面，左手提起牛尾巴，右手将体温计轻轻转动着插入肛门，放下尾巴，用体温计上的夹子固定在牛臀部或尾巴上。约5分钟

后取出读数。如果体温超过或低于正常范围即为有病的表现。当牛患传染病、胃肠炎及肺炎等疾病时，体温多数达40℃以上。

3. 心脏、脉搏检查

①牛心脏的听诊部位在左侧胸壁的前下方、肘关节内侧第3～5肋间。

②脉搏在下颌动脉或尾动脉处检查。心跳和脉搏的测定数一致。当受到刺激、激烈运动、气温增高、发热时，脉搏加快。母畜妊娠后期脉搏也会加快。

二、牛的临床检查

1. 眼观检查

健康的牛，动作敏捷，眼睛明亮有神，眼球左右转动自如，眼皮活泼，尾巴不时摇摆，鼻镜湿润，鼻、口及阴部没有异常分泌物，被毛短而有光泽，皮肤有弹性，脚步稳健，动作灵活，躺卧时身体舒展较长。如果发现牛眼睛无神，皮毛粗乱，拱背，呆立，甚至颤抖摇晃，尾巴也不摇动，就是有病的表现。

①采食情况。食欲是牛健康的最可靠指征。一般情况下，只要生病，首先就会影响到牛的食欲，每天早上给料时注意看一下饲槽是否有剩料，这对于早期发现疾病十分重要。

a. 食粗料观察。食欲降低说明已经发病。发生口腔疾病或引起胃肠机能障碍的其他疾病时食欲减退，食欲废绝见于严重的全身机能紊乱和严重的口腔及其他疼痛性疾病等。

b. 采食精料观察。精料投放不当会引起某些疾病的发生。真胃疾病或瘤胃酸中毒时采食量下降或拒绝采食。

②饮水情况观察。伴有昏迷的脑病及某些胃肠病则饮水减少；气候炎热、严重腹泻、高热、大失血等饮水增加。

③反刍观察。反刍能很好地反映牛的健康状况。健康牛在采食后 0.5～1 小时反刍，每天反刍 6～8 次，每次反刍 40～50 分钟，每次咀嚼 40～60 次。一般情况下病牛只要开始反刍，就说明疾病有所好转。

④粪便观察。健康肉牛的粪便呈圆形，边缘高、中心凹，散发出新鲜的牛粪味。尿呈淡黄色、透明。正常牛每天排粪 10～15 次，排尿 8～10 次。健康牛的粪便有适当硬度，排泄牛粪为一节一节的，但育肥牛粪稍软，排泄次数一般也稍多，尿一般透明，略带黄色。如发现大便呈粒状或腹泻拉稀，甚至有恶臭味，并夹杂着血液和脓汁，尿也发生变化，如颜色变黄或变红，就是肉牛生病的表现。饮水过少时，粪便干；后段消化道出血时粪便多为红褐色；过食精料粪便较稀，并呈淡黄色而发酸。粪中有黏液则有肠炎。

⑤鼻镜、鼻液观察。健康的肉牛不管天气冷热，鼻镜总有汗珠，颜色红润。如鼻镜干燥、无汗珠，就是有病的表现。正常牛的鼻液量少而被牛舔食。患病牛鼻液的量增加，如其中混有脓性分泌物则表明炎症严重。

⑥站立姿势的观察。牛站立时常四肢均衡负重，如躯体偏向某侧表明对侧肢患病。

⑦行走姿势检查。牛行走时步态均匀，如踏地不能负重多为蹄部有炎症，如可以负重但举腿困难可视为该肢上部疼痛。

2. 常规检查

（1）皮肤检查 健康牛的皮温均匀、皮肤弹性强。检查时注意皮肤温度是否正常，有无肿胀、发疹以及受损等。

（2）眼结膜检查 正常眼结膜呈淡粉红色，角膜表面光滑透明，有小的血管支分布，虹膜棕黑色。检查时应注意其色泽和分泌物的变化及有无肿胀等。

（3）体表淋巴结检查 常检查的淋巴结有下颌淋巴结、肩前淋巴结、股前淋巴结等。主要触诊其大小、硬度、温度及敏感性等。上述淋巴结肿大表明相应组织有炎症。

（4）体温测定 健康牛体温为 37.5～39.5℃。体温高于正常温度证明发生肺炎、胸膜炎、中暑等。体温降至正常指标以下，预后不良。

（5）乳房检查 正常乳房的皮温、质地均匀。检查时注意乳房是否有肿胀、缩小、增温、疼痛、硬结等情况。如有上述情况出现，说明该乳区患有不同程度的炎症。

乳房无肉眼可见炎症但乳质出现变质者称为隐性乳房炎。检查时在黑色背景玻璃上，加入鲜牛乳 5 滴，再加入

4%苛性钠2滴，用火柴棒迅速呈同心圆状均匀搅拌10～20秒，同时观察结果。

3. 系统检查

（1）消化系统检查　在肉牛疾病中，消化系统疾病发病率较高。消化系统检查是临床检查中的一个重要项目。消化系统检查包括饮、食欲状态的检查，反刍、嗳气检查，口腔、咽及食管检查，腹部及胃肠检查，排粪动作及粪便的感观检查，以及直肠检查。

消化系统障碍与常见疾病见表3-2。

表3-2　消化系统障碍与常见疾病

消化系统	障碍表现	常见疾病
食欲	食欲减少	口、齿、咽、食道、胃、肠疾病及某些发热性疾病、疼痛性疾病、代谢性疾病
	食欲废绝	食欲完全丧失，拒绝采食，见于各种严重性疾病
	食欲不定	慢性消化不良
	饮欲增加	发热、腹泻及有渗出性病理过程的疾病
	饮欲减少或拒绝饮水	某些胃肠病及伴有昏迷的脑病
	异嗜	某些矿物质、微量元素缺乏的营养代谢障碍，慢性消化紊乱及某些神经系统疾病等
	采食和咀嚼障碍	唇、舌、齿及口腔黏膜的疾病，某些神经系统疾病
	空嚼和磨牙	前胃弛缓、胃肠卡他及创伤性网胃炎等
	吞咽障碍	咽炎、食道阻塞等咽与食道疾病
反刍、嗳气	两次反刍持续时间缩短，昼夜反刍次数减少，或反刍停止，嗳气减少或增多	前胃弛缓、创伤性网胃炎、瘤胃臌气、瘤胃积食，某些传染病和中毒病等

消化系统	障碍表现	常见疾病
口腔、咽	口腔温度变化	口腔温度增高,见于口炎及发热疾病;降低时,见于引起体温降低的疾病
	咽部有热、肿、痛现象	咽炎、结核、放线菌病等
腹部、胃肠	腹围与腹壁检查异常	左侧腹围增大,见于牛瘤胃臌气和瘤胃积食;右侧腹围增大,见于瓣胃阻塞、真胃积食;腹围缩小,见于长期饲喂不足、慢性消耗性疾病、长期下痢等;腹壁敏感见于腹膜炎
	前胃机能检查异常	牛属复胃,由瘤胃、网胃、瓣胃、皱胃组成。前三胃合称前胃。正常瘤胃上部叩诊呈鼓音;触诊瘤胃内容物似面团样硬度,轻压可留压痕,随着蠕动将手掌抬起和落下。听诊瘤胃能听到一种由远而近的雷鸣声,有一定节律性。瘤胃蠕动每2分钟2～5次,蠕动持续15～30秒。 触诊左肷部臌隆,紧张而有弹性,叩诊呈鼓音,为瘤胃臌气;左下腹臌大,触诊内容物硬固,为瘤胃积食。 蠕动音增强,为瘤胃积食的初期;蠕动音减弱,见于前胃弛缓、瘤胃积食等;若消失,病情加重。 患创伤性网胃炎,用重压法检查网胃区有无痛感,如被检牛表现不安、呻吟、抗拒或企图卧下等,表明网胃区有疼痛反应。 瓣胃位于腹腔右侧第7～8肋间,可沿肩关节水平线上下3厘米范围听诊。瓣胃蠕动音类似细小的捻发音,常在瘤胃蠕动之后出现,于采食后更明显。 听不到瓣胃的蠕动音,触诊瓣胃时敏感性增高,见于瓣胃阻塞、瓣胃炎。 皱胃(真胃)位于左腹第9～11肋骨之间后下方,沿肋弓区直接与腹壁接触。皱胃触诊敏感,见于皱胃炎、皱胃扩张。皱胃左方移位,在左侧腹前下方可听到类似小肠蠕动音;皱胃右方扭转见右侧腹前下方臌大,叩诊是鼓音
	肠检查异常	肠管检查在右腹壁区域内进行,主要以听诊听取肠蠕动音健康牛可听到短而稀少的肠蠕动音。若肠音频繁似流水音,可见于腹泻、肠炎;肠音减弱或消失,见于小肠积食、大肠积粪、肠梗阻等

消化系统	障碍表现	常见疾病
排粪动作及粪便检查	排粪及粪便异常	排粪次数频繁并且粪便稀薄，为腹泻或下痢；排粪次数少，且粪便干、硬、色深为便秘。 粪便自行从肛门流出，称失禁，见于急性肠炎。 频频做排粪动作，用力努责，但每次仅排出少量粪便或黏膜，称为里急后重，见于直肠炎、重度肠炎；若排粪疼痛、呻吟，可见于腹膜炎；若粪便中有硬结或片状粪块，见于瓣胃阻塞；粪便稀软，甚至水样，见于各种腹泻症；粪便混有黏膜，见于肠炎；粪便呈黑色，提示胃出血；粪球附有红色血液，是直肠出血

（2）呼吸系统检查

包括呼吸运动检查、呼出气、鼻液、咳嗽检查、肺部的检查等。健康牛为胸腹式（混合型）呼吸，每次呼吸的深度均匀，间隔时间相同。健康牛呼出的气稍有温热感，两侧鼻孔呼出气流强度相同，一般无异味。健康牛一般不发生咳嗽。肺部的检查包括肺部叩诊和肺部听诊。牛叩诊区的后下界为髋结节水平线与第 11 肋骨的交点及肩关节水平线与第 8 肋骨交点的连线，其下端延伸止于第 4 肋间。叩诊方法由前至后，自上而下。健康牛肺部叩诊是清音。肺部听诊范围与肺叩诊区相同。在正常时用听诊器能听到肺泡呼吸音，类似"夫夫"声，吸气较呼气时明显。

呼吸系统检查异常与常见疾病见表3-3。

表3-3　呼吸系统检查异常与常见疾病

呼吸系统	症状	疾病
呼吸运动检查	胸壁起伏异常如胸式呼吸、腹式呼吸	胸壁的起伏运动比腹壁明显,为胸式呼吸,见于腹膜炎、肠臌气、瘤胃臌气等疾患;腹壁运动比胸廓运动明显,则为腹式呼吸,见于胸膜、肺脏及心脏的某些疾病
呼吸困难	呼气性呼吸困难、吸气性呼吸困难、混合性呼吸困难	呼气性呼吸困难见于上呼吸道狭窄的疾患;以吸气困难为主的为吸气性呼吸困难,见于肺气肿、细支气管炎等;混合性呼吸困难,表现为吸气和呼气均发生困难,常见于肺源、心源、血源性疾病,以及神经性、中毒性和腹压增高性疾病等
呼出气	呼吸气流强度、温度、气味变化	一侧或二侧呼吸气流强度减弱,见于一侧或二侧上呼吸道狭窄性疾病;呼出气流温度增高或降低,说明体温升高或降低;呼出难闻的腐败臭味,提示上呼吸道或肺的化脓或腐败性炎症;牛患有酮血病时,呼出气体有酮臭味
鼻液	鼻液异常,单侧性鼻液、双侧性鼻液、灰白色浆液性或黏液性鼻液、带血鼻液、鼻液混有多量小气泡、鼻液中混有饲料碎片	单侧性鼻液,提示鼻腔、喉和副窦的单侧性病变;双侧性鼻液多来源于喉以下的气管、支气管、肺。灰白色浆液性或黏液性鼻液为卡他性炎症的产物;黄色、黏稠的乃至干酪样鼻液为化脓性炎症;带血鼻液表明呼吸道或肺有出血性病变;鼻液混有多量小气泡,多为细支气管和肺泡病变所致,鼻液中混有饲料碎片,常见于伴有吞咽障碍或呕吐的疾病

呼吸系统	症状	疾　病
咳嗽检查	湿咳、干咳、咳嗽伴有疼痛、稀咳、频咳	咳嗽声音低、湿、长称为湿咳,表示呼吸道内炎性分泌物较稀薄,见于支气管炎、支气管肺炎;高、干、短的咳嗽称为干咳,表示呼吸道内有较黏稠的分泌物,见于急性呼吸道炎症初期或慢性呼吸道炎症、胸膜炎等;咳嗽伴有疼痛的表示,称为痛咳,见于喉炎、胸膜炎等;稀咳多见于慢性呼吸道疾病的特征,如牛结核;频咳多为急性喉、气管炎症的特征
肺部的检查	肺部叩诊敏感、浊音、鼓音等	牛叩诊区的后下界为髋结节水平线与第11肋骨的交点及肩关节水平线与第8肋骨交点的连线,其下端延伸止于第4肋间。叩诊方法由前至后,自上而下。健康牛肺部叩诊是清音。叩诊胸部敏感、疼痛,见于胸膜炎;清音区扩大见于肺气肿,叩诊区向后延长3～5厘米以上;叩诊呈浊音或半浊音见于肺炎;呈鼓音见于肺空洞、气胸等
	肺部听诊肺泡音增强、减弱或消失	听诊范围与肺叩诊区相同。在正常时用听诊器能听到肺泡呼吸音,类似"夫夫"声,吸气较呼气时明显。肺泡音增强,见于发热性疾病,代谢亢进及其他伴有一般性呼吸困难的疾病;肺泡音减弱或消失,见于肺组织的炎症、浸润、实变及弹性减弱或丧失的疾病,如肺炎、肺结核、肺气肿等

（3）泌尿系统检查　泌尿系统检查包括排尿动作及尿液的感观检查（尿液气味、颜色、透明度及混合物）和肾、膀胱、尿路的检查。健康牛尿色淡、透明、不混浊、无沉淀,几乎闻不到有何气味（尿少而浓时,有较重尿味）。泌尿系统检查异常与常见疾病见表3-4。

表3-4　泌尿系统检查异常与常见疾病

检查项目	症状或状态	常见疾病
排尿动作	排尿次数增加	排尿次数增加而每次排尿量并不减少，是肾小球过滤机能增强或肾小管重吸收能力减弱的结果；排尿次数增多而每次排尿量不多,甚至减少,见于膀胱炎、尿道炎等
	少尿或无尿(排尿次数减少,尿量亦减少)	发热性疾病、急性肾炎等
	尿淋漓(尿液不断,呈点状排出)	膀胱及其括约肌麻痹及某些中枢神经系统疾病
	假性无尿(即使插入导尿管也无尿液流出)	尿结石、尿道炎等
	排尿时不安(回顾腹部,有疼痛感)	膀胱炎、尿道炎等
尿液感观检查	尿液气味、颜色、透明度及混合物、健康牛尿色淡、透明、不混浊、无沉淀,几乎闻不到有何气味(尿少而浓时,有较重尿味)	尿有氨味,见于膀胱炎;尿带有腐臭味,见于尿路坏死腐败性炎症;尿有特殊烂苹果味,见于牛酮血病;尿色深,见于发热性疾病;尿混浊不透明,见于肾、膀胱炎症;尿色带红,见于肾、膀胱或尿路的出血性炎症等
肾、膀胱及尿路的检查	肾肿胀、增大;触诊、叩诊敏感等	肾肿胀、增大,压之敏感,有波动感,见于化脓性肾盂肾炎等;肾肿大、坚硬、表面不平,见于结核、肾瘤、肾硬变;肾脏疾病时,视诊可见腰脊僵硬、拱背,运步小心迟缓,有时肾区略臌隆。触诊与叩诊肾区时,敏感性增高,患牛表现不安、拱背、躲避等
	膀胱及尿路	通过直肠检查若发现膀胱过度充盈、紧张而有波动,为尿液潴留,见于尿路阻塞性疾病、膀胱麻痹等;触之敏感,见于膀胱炎;经按压流出尿液,多为膀胱麻痹等

（4）神经系统的检查　神经系统检查包括中枢神经机能、感觉器官与感觉机能、运动机能和反射机能的检查。神经系统检查异常与常见疾病见表3-5。

表3-5　神经系统检查异常与常见疾病

中枢神经机能检查	精神状态和行为表现异常	常见疾病
感觉器官与感觉机能的检查	视觉器官病理变化	眼睑半闭或全闭，为精神沉郁；眼睑下垂，见于面神经麻痹、脑病及某些中毒；眼睑肿胀，见于结膜炎、眼外伤及恶性卡他热等；眼球突出，见于高度兴奋、高度呼吸困难等；眼球凹陷，见于脱水、衰竭、瞎眼等；眼球震颤，见于脑炎、全身麻痹等；瞳孔扩大，见于高度兴奋、剧痛，若同时表现对光反应消失，见于脑病、疾病的病危期等；瞳孔缩小，见于脑炎、有机磷中毒等；角膜混浊，见于角膜创伤、维生素 A 缺乏、结膜角膜炎等；视觉丧失（失明）见于维生素 A 缺乏、脑病、重度眼病等
	听觉器官的病理变化	听觉增强时，多见于牛酮血症、狂犬病、破伤风等；听觉减弱，为脑病征兆
	触觉和痛觉反应异常	对刺激反应减弱，甚至无反应，见于外周神经麻痹或中枢神经机能抑制；感觉增强（过敏），见于局部炎症、脊髓膜炎等；感觉异常，多见于皮肤疾病等

续表

中枢神经机能检查	精神状态和行为表现异常	常见疾病
运动机能	无目的、不自主的盲目运动、前冲、后撞、转圈等	见于脑炎、脑膜炎和某些中毒等
	共济失调,如站立不稳、摇摆、倚墙靠壁,运动时步态失调,后躯摇摆、高抬腿等	见于小脑疾病、脑炎、脑膜炎、某些中毒及寄生虫病等
	肌肉呈强直性收缩	见于破伤风、中毒病,某些矿物质、维生素代谢紊乱,脑病等
	麻痹或瘫痪(局部或全身运动神经机能障碍使相应器官不能运动)	见于颅脑损伤、脑膜脑炎、重度中毒等
	反射性神经活动异常	反射减弱或消失,见于脑及脊髓灰/白质损伤、颅内压升高、昏迷等;反射亢进,见于破伤风及中枢神经的损伤等

三、病理剖检

1. 剖检注意事项

国家规定凡无生物安全保障设施的单位和个人,禁止对动物进行尸体剖检。剖检的尸体要求新鲜或为即将死亡的动物。

室外剖检时将一块塑料布铺在地面,将剖体的脏器放在塑料布上,以免污染泥土。在实验室剖检时,冲洗尸体的脏水要流入下水道，并进行消毒。剖检前应用消毒药水喷洒解剖室地面。

解剖用具及服装，在用前要做消毒处理，与病牛接触的人、物及运输工具均要严格消毒。术者要穿解剖服，戴手套、帽子、口罩，穿胶靴。

在剖检前准备好采集病料的器械及保存固定液。剖检时所用的消毒药也要事先配好备用。

剖检后对尸体和内脏进行深埋或焚烧。

尸体剖检要当场详细记录，剖检结合临床诊断都难以得出初步结论，或须进一步确诊时，可根据疑似疾病按照规定采取病料送有关部门做实验室诊断。

2. 牛尸体的剖检方法

（1）卧势　进行牛尸体剖检时，应该使牛呈左侧卧姿势。

（2）外部观察　尸体剖检前，应先对病牛的性别、年龄、营养状况、可视黏膜、体表皮肤、尸体变化等内容进行详细观察。

（3）操作步骤

① 剥皮。从牛下颌处切开皮肤，沿腹中线再向后切，绕开乳房和外生殖器一直切至肛门；从腹中线开始，沿四肢内侧正中线切开皮肤到球结，在球结处做环形切割（在此过程中尸体可暂取仰卧姿势），将皮肤充分或完全剥离

（图 3-1）。患传染病死亡的尸体不剥皮。

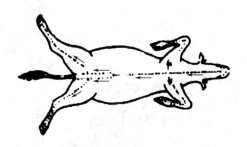

图 3-1　牛剥皮示意

切断所有连接肩胛骨的肌肉，去掉左右前肢。

切断髋关节周围的联系，去掉右后肢。

② 打开腹腔。先去掉乳房或公畜的外生殖器。从右肷窝开始，沿肋弓切开腹壁组织至剑状软骨；再从右肷窝开始，切开腹壁组织至耻骨前缘。

③ 腹腔检查。打开腹腔后（图 3-2），注意检查腹腔液的性状及数量、腹膜状态及腹腔器官的形态和位置。

为了进一步检查腹腔器官，可将腹腔内器官一一采出，然后再仔细检查。

a. 提起大网膜，切离其与十二指肠、真胃大弯及瘤胃的联系，取出大网膜，这样才能使肠充分暴露出来。

b. 在回肠末端，距回盲口约 15 厘米处，做双重结扎，从中间切断；在十二指肠的末端做双重结扎，从中间切断，取出空肠和回肠，并进行仔细检查。

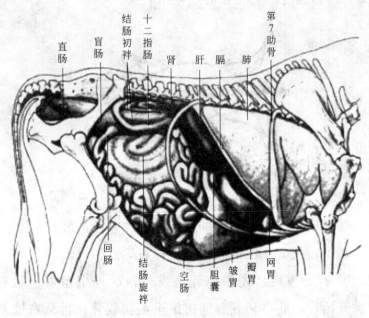

图 3-2　腹腔剖开示意

c. 将直肠后端的粪便向后挤推，做双重结扎，从中间切断，再分离肠系膜，取出整个大肠，进行仔细检查。

d. 切断并分离胆管、胰管与十二指肠的联系，向后牵拉胃，露出食管，在膈肌后面对食管进行双重结扎，从中间切断，并分离胃与腹腔的联系，取出胃、十二指肠和脾，并进行检查。

e. 取出肝、肾、胰脏及肾上腺进行检查。

④ 胸腔检查。首先锯断或砍断右侧肋骨与胸骨、胸

椎的联系，使胸腔器官暴露；然后对胸腔液、心、肺器官等进行检查。

⑤ 盆腔器检查。锯断或砍断髂骨体、耻骨与坐骨及髂骨的联系，打开盆腔；分离直肠与盆腔的联系，将阴门、肛门做圆形切开。

取出盆腔器官进行仔细检查。

⑥ 头部组织检查（略）。

3. 脏器检查

（1）肝脏检查 主要观察其大小、颜色、出血及硬度。急性传染病，肝常肿大，被膜下有出血点；肝胆疾病，肝脏常呈现黄染。外观检查后，沿肝纵轴切开，检查其切面、质地及小叶。急性传染病及中毒病，肝切面外翻，质地脆弱易碎，小叶模糊不清。同时还应该注意肝脏内有无结节、脓肿及坏死灶。

（2）脾脏检查 主要观察其大小、色泽及脾髓变化。急性传染病，一般脾肿大 2～5 倍。有些慢性传染病，则脾脏缩小。

（3）肾脏检查 主要观察其大小、出血、瘀血、坏死、被膜的紧张度及髓质的变化。如急性肾炎时，肾肿大，被膜紧张而易剥离，被膜下有出血或瘀血斑；慢性肾炎时，肾常皱缩，被膜不易剥离，呈现黄白色。注意观察肾上腺变化。

（4）胃肠检查　主要观察其浆液、黏膜变化。如病毒性肠炎、副伤寒、大肠杆菌病，胃肠黏膜有出血、上皮脱落、糜烂、溃疡等变化；发生食物中毒及寄生虫病时也呈现同类变化。同时，检查时也应注意肠系膜淋巴结。

（5）膀胱检查　主要观察其蓄尿程度及黏膜变化。同时也应注意膀胱及输尿管有无结石。如尿湿症、尿路结石，膀胱常蓄尿，其黏膜常发生出血。

（6）子宫检查　主要观察其黏膜炎症变化，以及其是否破裂、有死胎等。

（7）心包及心脏检查　主要观察心包液数量及性状，检查心外膜和冠状沟有无出血及脂肪状态。依次检查心房、心室、心肌、心膜的变化。如慢性消耗性疾病及营养不良，心冠脂肪减少，呈现胶冻状；热性传染病及中毒病，心内膜及心外膜有出血或心肌变性；心脏疾病，心脏常出现肥大、血栓、瓣膜溃疡。

（8）肺脏检查　主要观察其体积大小、颜色、弹性及硬度等。观察其切面小叶及气管变化；检查肺实质的变化，如有无肝变、坏死及脓灶等。

（9）食道、甲状腺、淋巴结、脑及脊髓检查　观察是否有病理变化。

四、实验室检查

如果怀疑牛发生重大或难作出诊断的传染病时，应采取病料送县、市、省兽医诊断室或畜牧兽医教学科研单位进行检验。

1. 病料采取

（1）取料时间　内脏病料的采取，须在死后立即进行，最好不超过 6 小时。

（2）取料方法　怀疑是某种传染病时，采取该病常侵害的部位。如无法估计是哪种传染病时，可进行全面采取病料；检查血清抗体时，则采取血液，静置后取上清液装入灭菌小瓶送检。

2. 病料保存

（1）细菌检验材料的保存　将采取的组织块保存于饱和盐水中，容器加塞封固，如系液体，可装在封闭的试管中运送。饱和盐水的配制是，蒸馏水 100 毫升，加入食盐 39～40 克，充分搅拌溶解后用数层纱布过滤，灭菌后备用。

（2）病毒检查材料的保存　将采取的脏器组织块保存于鸡蛋生理盐水中，容器加塞封固。鸡蛋生理盐水的配制是，先将新鲜鸡蛋表面消毒，然后打开，将蛋清、蛋黄倾入灭菌容器内，按全蛋 9 份加入灭菌生理盐水 1 份，摇匀后用灭菌纱布过滤，再加热至 56～58℃，持续 30 分钟，第 2 天及第 3 天按上法再加热 1 次，即可使用。

3. 病料运送

（1）病料的记录　病料应在容器上编号，并详细记录，提出检验目的，附有送检单。

（2）病料包装　病料的包装要求安全稳妥，对于危险材料、怕热和怕冻的材料要分别采取措施。一般微生物检验材料都怕热，病理材料都怕冷。包装好的病料尽快送检。

第二节　林地养肉牛合理用药

一、给药方法和注意事项

肉牛常见给药方法有肌内注射、静脉注射、投药瓶投药、胃导管投药等。应先将肉牛保定好再进行给药。

1. 皮下注射

将药液注入到皮下疏松结缔组织中。无刺激性的药物或希望药物快一些被吸收时，可用皮下注射法注射。

一般在牛颈侧下部或肩胛骨的后方皮下，左手拇指与食指捏取皮肤，产生皱襞，在皱襞底部斜面快速刺入皮肤与肌肉间，注入药液。

2. 肌内注射

多选择在牛肌肉较厚的臀部或颈部。注射部位用75%

酒精棉球消毒后，将事先安装好针头的注射器刺入肌肉内，抽拔活塞确认无回血后注射药液；或先将注射针头刺入肌肉内，再连接好吸有药液的注射器。注射完毕，拔出针头，用酒精棉球消毒。常用于注射疫（菌）苗，青霉素、链霉素等抗生素和抗菌药物，各种油剂注射液等。

3. 静脉注射

将药液直接注射到静脉内，适用于需迅速发生药效或药液不适于肌内、皮下注射时。注射部位在牛颈静脉（最好在颈静脉沟上 1/3 处）。

一般用 16～20 号针头。局部消毒后，以手指压在注射部位近心端静脉，待血管怒张，右手拿针头与静脉成 30～45 度角，对准静脉管刺入。见血液流出，连接输液器，并用夹子将输液胶管与颈部皮肤夹在一起固定。注射完毕后，用碘酒棉球或酒精棉球紧压针刺处止血、消毒。

4. 瘤胃穿刺

主要用于牛瘤胃臌气的急救和瘤胃臌气后的急救。术部选在左肷窝处。

5. 腹腔注射

最佳部位在牛右肷窝部的中央处。常用于牛久病、心力衰竭等。

6. 乳头灌注

乳房炎治疗的常规方法。将适量抗生素加入 80～100 毫升生理盐水中，在挤尽乳汁后用通乳针和注射器将药物一次性注入乳房。

7. 乳房基部封闭

对急性和慢性乳房炎有较好疗效。注射器具用封闭针、50 毫升注射器。部位在后乳区的两乳房基部之间偏向患区处，前乳区在腹侧壁的乳房基部。药物为 0.2%～0.5% 普鲁卡因 50 毫升、青霉素 160 万～320 万国际单位。

8. 灌肠

用于瘤胃膨气、瓣胃阻塞和便秘等。术者通过肛门将表面光滑的胶管带入直肠，另一端接上漏斗并高举，将 0.1% 高锰酸钾液灌入肠中，通过刺激让其排便或通气。

9. 投药瓶投药

助手牵引牛鼻环绳或用手指捏住牛鼻中隔，使牛头稍仰。投药者一只手持盛药的投药瓶，顺牛口角插入口腔，送至舌面中部使牛将药吞下。

10. 胃导管投药

在干净的胃导管管头蘸少许液体石蜡润滑，经鼻轻轻向里插入到食管，及时判定胃导管是否真正插入食管内。判定方法为将胃导管的一端放入水中，如不出现规律的气泡则为插入食管。确认胃导管在食管内后继续将胃导管向后插入，接上漏斗，把药液倒入漏斗内，高举漏斗超过牛头部将药液灌入胃内。药液灌完后，再灌少量清水冲洗投药管，最后用拇指堵住药管管口或把管折扁后慢慢抽出。

11. 注射用药注意事项

局部剪毛后，先用3%的碘酊棉球擦拭，随后用75%的酒精棉球拭去碘酊，再做注射。注射毕，应用酒精棉球拭去可能渗出的注射液，以防感染。

抽取药液时，须仔细查看药名、剂量、药液是否混浊或过期。

抽完药液后，要将针筒内的空气排尽，同时查看针头是否通畅、锐利；注射的药液量要准确。

静脉注射的药液（特别是氯化钙、高渗盐水等有强烈刺激性的药液）切勿漏于血管外，以免造成局部组织发炎和坏死。若发生折针事故，应立即用镊子夹出断头，必要时可手术切开，取出断头。

注射器、注射针头必须严格消毒。要坚持打一针换一个针头。常用的消毒方法是煮沸消毒。

二、科学、安全用药

牛场应通过保持良好的饲养管理，增强牛的自身免疫力，尽量减少疾病的发生，减少药物的使用量；确需使用治疗药物的，经实验室确诊后，应正确选择药物，制定出合适的用药方案。

（1）坚持预防为主，防治结合的原则　在各个环节认真做好日常消毒、疫苗接种和药物预防等工作。

（2）正确诊断，对症治疗　选择疗效高、副作用小、安全廉价的药物，避免盲目滥用。不滥用抗生素。

（3）正确掌握药物剂量和疗程　根据药物的理化性质、副作用及病情正确选择用量和疗程。

（4）不使用禁用药物，严格遵守药物的停药期　预防、治疗和诊断疾病所用的兽药均应来自具有兽药生产许可证，并获得农业部颁发的中华人民共和国兽药证书的兽药生产企业，或农业部批准注册进口的兽药，其质量均应符合相关的兽药国家质量标准。优先使用绿色食品允许使用的抗寄生虫和抗菌化学药品。农业部公布的食品动物禁用兽药及其他化合物清单见附录2。

（5）做好兽药使用记录　用药记录至少应包括用药的名称（商品名和通用名）、剂型、剂量、给药途径、疗程，药物的生产企业、产品的批准文号、生产日期、批号等。使用兽药的单位或个人均应建立用药记录档案，并保存1年（含1年）以上。应对兽药的治疗效果、不良反应做观察记录；发现可能与兽药使用有关的严重不良反应时，应当立即向所在地人民政府兽医行政管理部门报告。

三、肉牛常用药物的配伍禁忌

配伍禁忌是指两种及两种以上药物混合使用或药物制成制剂时，发生体外的相互作用，出现使药物中和、水解、破坏、失效等理化反应，这时可能发生混浊、沉淀、产生气体及变色等外观异常的现象。常用药物的配伍禁忌见表 3-6。

表 3-6　肉牛常用药物的配伍禁忌

药物	配伍禁忌
青霉素 G 钾（钠）	不宜与四环素、土霉素、卡那霉素、庆大霉素、磺胺嘧啶钠、碳酸氢钠、维生素 C、B 族维生素、去甲肾上腺素、阿托品、氯丙嗪等混合使用
氨苄青霉素	不宜与卡那霉素、庆大霉素、氯霉素、盐酸氯丙嗪、碳酸氢钠、维生素 C、维生素 B_1、50% 葡萄糖、葡萄糖生理盐水配伍使用；头孢菌素忌与氨基糖苷类抗生素如硫酸链霉素、硫酸卡那霉素、硫酸庆大霉素联合使用
磺胺嘧啶钠注射液	遇 pH 较低的酸性溶液易析出沉淀，除可与生理盐水、复方氯化钠注射液、硫酸镁注射液配伍外，与多种药物均为配伍禁忌

续表

药物	配伍禁忌
能量性药物[包括三磷酸腺苷二钠（ATP）、辅酶A（CoA）、细胞色素C、肌苷等注射液]	不宜与ATP、肌苷注射液配伍的药物有碳酸氢钠、氨茶碱注射液等；不宜与CoA注射液配伍的药物有青霉素G钠（钾）、硫酸卡那霉素、碳酸氢钠、氨茶碱、葡萄糖酸钙、氢化可的松、地塞米松磷酸钠、止血敏、盐酸土霉素、盐酸四环素、盐酸普鲁卡因注射液等
肾上腺皮质激素类药物（氢化可的松注射液、地塞米松磷酸钠注射液）	这类药物如果长期大量使用会出现严重的不良反应,诱发或加重感染类肾上腺皮质功能亢进综合征、影响伤口愈合等

第四章

传染病

第一节　病毒性传染病

一、口蹄疫

口蹄疫是由口蹄疫病毒引起的以偶蹄动物为主的急性、热性、高度传染性疫病。其临床特征为口腔黏膜、蹄部和乳房皮肤形成水疱和烂斑，俗称"口疮""蹄癀"。

1. 病原

口蹄疫病毒致病力极强，病毒对乙醚、氯仿等有机溶剂不敏感，对酸、碱敏感。不耐热，对紫外线光敏感，常用消毒药有氢氧化钠、碳酸钠和醋酸等。

2. 流行特点

偶蹄动物的易感性最高。家畜中黄牛、奶牛最易感，其次是牦牛、水牛和猪。患病及带毒的动物是本病的传染源。患病初期动物排毒量最大，毒力最强，最具传染性。经破溃的水疱、唾液、粪、乳、尿、精液及呼出的气体向外界排出大量的病毒。

该病毒以直接接触和间接接触的方式传播。主要经消化道和呼吸道感染，也可经损伤的皮肤和黏膜感染。该病畜的分泌物、排泄物、呼出气体及其他被污染的物品和动物均可成为本病的传播媒介。该病毒能随风散播到50～100千米以外的地方，空气也是一种重要的传播媒介。

本病无严格的季节性，但不同地区可表现不同的季节高发性。一般以冬季发病最为严重。幼畜的发病率高，死亡率也高。

3. 临床症状

牛的潜伏期为2～4天。

① 病牛体温升高达40～41℃，精神委顿，食欲减退，闭口、流涎。

② 唇内、齿龈、舌面和颊部黏膜发生蚕豆至核桃大的水疱，流涎增多，呈白色泡沫挂满嘴边，采食和反刍完全停止。水疱经1昼夜后破裂，形成浅表性边缘整齐的红色烂斑，此时体温即下降，烂斑逐渐愈合，全身症状好转。

③ 趾间和蹄冠皮肤上同时或稍后出现水疱，破溃后

形成烂斑。若感染则化脓坏死，甚至造成蹄匣脱落。

④ 有时乳头皮肤上也出现水疱。本病一般呈良性经过。

⑤ 牛的恶性口蹄疫可侵害心肌，病死率高达 20%～50%。犊牛患病时，水疱常不明显，主要表现为出血性肠炎和心肌麻痹，病死率更高。

4. 病理变化

① 患病牛的口腔、蹄部、乳房、咽喉、气管、支气管和前胃黏膜发生水疱、圆形烂斑和溃疡，面覆有黑棕色的痂块。

② 口蹄疫病牛的尸体一般消瘦，被毛粗乱，口腔发臭，口外黏附着泡沫状唾液，并有口蹄疫特有的水疱、烂斑等。

③ 真胃和肠黏膜可见出血性炎症。

④ 乳房、乳头上有水疱的牛，一般呈现轻度卡他性或浆液性乳房炎，严重时导致实质性化脓性乳房炎。

⑤ 心内外膜下常有弥散性及斑点状出血。因严重口蹄疫致死的牛，在心肌切面和表面出现灰白色或淡黄色的斑点或条纹，如虎斑（虎斑纹心）。

⑥ 急性死亡的幼犊通常口蹄无水疱、烂斑等病变，只有急性坏死性心肌炎病变或同时有出血性胃肠炎。

5. 诊断

根据该病的流行病学、临床症状如口腔、蹄部和乳房发生水疱和烂斑，病理解剖"虎斑心"变化可作出疑似诊断，确诊需进行实验室诊断。

6. 防治措施

① 牛场严格消毒，杜绝病原体传入场内。

② 认真做好预防接种，严格执行防疫规程。严防接种疫苗时的漏打与疫苗接种的剂量不足。

牛场每 4 个月进行 1 次疫苗接种，O 型、亚 I 型、A型 3 种疫苗都要接种，建议 3 种疫苗同时接种。

犊牛 90 日龄进行初免，间隔 1 个月再接种 1 次，以后每隔 4 个月免疫 1 次。

有条件的牧场可在疫苗接种后的 28 天，进行抗体效价测定。

③ 发生本病时，"早、快、严、小"为原则，早发现，早上报疫情，快速组织确诊，严格隔离、消毒，小范围封锁，扑杀病畜。

二、牛传染性鼻气管炎

牛传染性鼻气管炎又称坏死性鼻炎、红鼻病、牛媾疫，是由牛传染性鼻气管炎病毒引起的牛的急性、热性、接触性传染病，临床表现包括鼻气管炎、生殖道感染、结膜炎、脑膜炎等。

牛传染性鼻气管炎病毒，又称牛疱疹病毒 I 型，属疱疹病毒科。该病毒对热敏感，56℃ 21 分钟可杀死病毒。常用的消毒剂可使其灭活。

自然宿主是牛，多见于育肥牛和奶牛。肉用牛群的发病率有时高达 75%，20～60 日龄的犊牛最为易感，死亡率较高。病牛及带毒牛为主要传染源；病毒大量存在于呼吸道、唾液和精液、阴道分泌物、流产胎儿和胎盘中，本病主要通过呼吸道和生殖道感染。本病在秋冬寒冷季节较易流行，环境条件差、饲养密度等不利因素可促进本病发生。

1. 类型

(1) 呼吸道型　常伴有结膜炎、流产和脑膜炎。病牛体温升高达 39.5～42℃，精神沉郁，食欲废绝，反刍停止。患病牛常有大量的鼻分泌物，鼻镜及鼻窦因组织高度充血形成"红鼻子"。呼出气体有臭味，呼吸困难。个别病例出现拉稀，粪便中带有血液。患病奶牛初期产奶量明显减少，后期停止，7 天以后逐渐恢复。有些病牛还常伴有结膜炎，眼结膜充血、流泪，眼睑粘连或结膜外翻，眼分泌物为脓性。妊娠中后期的母牛流产。犊牛常出现脑膜脑炎变化。大多数病例病程在 10 天以上。牛群的发病率为 20%～30%，严重流行的牛群发病可达

75％以上。

（2）生殖道型　又称传染性脓疮外阴-阴道炎，潜伏期1～3天。母牛及公牛均可感染发病。

母牛发热，精神沉郁，拒食。排尿频繁并有疼痛，严重时尾巴向上竖起，摆动不安。阴门水肿，阴门流出大量黏液，呈线条状，污染附近皮肤。阴道发炎、充血，有许多黏稠无臭的脓性分泌物。阴门黏膜出现许多小的白色结节，以后形成脓疮，脓疮融合形成一个广泛的灰白色坏死膜，脱落后可见红色的创面。孕牛在妊娠任何时候都可发生流产，妊娠后期多见。

公牛感染时，出现一过性发热，数天后可痊愈。严重病例，发热，包皮、阴茎上出现脓疮，包皮肿胀、水肿、疼痛，排尿困难。病程一般为10～14天。

（3）脑膜脑炎型　主要发生于6个月以内的犊牛，病初体温升高至40℃以上，精神沉郁，食欲下降。共济失调，随后兴奋、吼叫、乱跑乱撞、转圈、口吐白沫、角弓反张。2～7天内死亡，死亡率20％～80％。

2. 病理变化

（1）呼吸道型　呼吸道黏膜充血、肿胀，出血点糜烂、溃疡，表面有干酪样伪膜覆盖。鼻腔黏膜覆盖脓性渗出物。

（2）生殖道型　阴道出现特征性的白色颗粒和脓疮。

（3）脑膜脑炎型　中枢神经出现非化脓性脑炎和脑膜炎变化。

3. 诊断

根据典型临床症状和病理变化，初步怀疑本病，确诊需进行实验室诊断。

4. 防治措施

加强检疫，防止病牛引入。发生本病后应采取隔离、封锁、消毒等综合性防治措施。本病无特效疗法，可采用综合性对症治疗，如输液、补糖、消炎等。

三、牛病毒性腹泻-黏膜病

本病是由牛病毒性腹泻-黏膜病病毒引起的牛的一种急性、热性传染病。临床特征是黏膜发炎、糜烂、坏死和腹泻。

1. 病原

牛病毒性腹泻-黏膜病病毒属于黄病毒科、瘟病毒属。该病毒对外界抵抗力不强，pH 值 3 以下或 56℃很快被灭活，对一般消毒药敏感，对氯仿、乙醚等敏感，但病毒在低温时可以长期存活。

2. 流行特点

本病可感染牛、羊、猪等。6～18 月龄的犊牛易感性较高，死亡率可达 90％以上。患病动物及带毒动物是主要传染源，动物感染后可形成病毒血症，在急性患病动物的鼻液、眼泪、乳汁、尿、粪便及精液中均含有病毒。本病通过直接接触和间接接触传播，主要通过呼吸道和消化道而感染，也可以通过胚胎垂直传播，污染的饲料、饮水、用具也可传播本病。发病有一定季节性，一般冬季发病率较高，舍饲及放牧牛都可发病，肉牛比乳牛更为常见。

3. 临床症状

潜伏期 7～14 天。可分为急性和慢性，多数表现为隐性感染。

（1）急性型　精神沉郁，厌食，鼻、眼流出浆液性液体，咳嗽，流涎，体温升高达 40～42℃，持续 4～7 天。病牛鼻镜糜烂、表皮剥落，舌上皮坏死，流涎增多，呼气恶臭。严重腹泻，粪便稀薄如水，有恶臭，混有大量黏液和小气泡，后期带有血液。

（2）慢性型　很少出现体温升高，持续或间歇性腹泻。鼻镜糜烂并在鼻镜上连成一片，眼有浆液性分泌物，门齿齿龈发红，蹄冠部皮肤充血，蹄壳变长而弯曲，跛行。病程 2～6 个月，多数病例以死亡告终。妊娠母牛感染本病时常发生流产，或产下有先天性缺陷的犊牛。

4. 病理变化

鼻镜、鼻腔出现糜烂和浅溃疡，齿龈、上颚、舌侧面及颊部黏膜糜烂。食管黏膜腐烂是本病的特征。瘤胃、皱胃出现炎性水肿和糜烂，小肠、大肠有不同程度的炎症。流产胎儿的口腔、食道、皱胃及气管内有出血斑及溃疡。运动失调的新生犊牛小脑发育不全或脑室积水。

5. 诊断

根据临床症状和食道黏膜腐烂的特征性病理变化可作出初步诊断。确诊需进行实验室诊断。

6. 防治措施

加强检疫，防止引进病牛。本病尚无特效治疗方法。对病牛严格隔离，对症治疗和加强护理可以减轻症状。

牛群可用牛病毒性腹泻-黏膜病、牛传染性鼻气管炎及钩端螺旋体病三联疫苗接种免疫。

第二节 细菌性传染病

一、布鲁菌病

布鲁菌病是由布鲁菌引起的一种人畜共患传染病，对牛危害极大，以生殖器官炎症和流产为特征。

1. 病原

该菌为革兰阴性的球杆菌或短杆菌，该菌对热抵抗力不强，63℃经 7～10 分钟可被杀死，在鲜乳中可存活 2 天到 1 个月，在冻肉中可存活 14～47 天，在干燥土壤和胎儿体内可分别存活 37 天和 6 个月。对常用消毒药敏感，1‰来苏尔或 2‰福尔马林 15 分钟可将其杀死。

2. 流行特点

本病的传染源是患病动物及带菌者，以妊娠母牛最为危险，它们在流产或分娩时可将大量布鲁菌随着胎儿、羊水和胎衣排出；产后的阴道分泌物和乳汁中都含有布鲁菌。该菌感染的公牛精囊中也有布鲁菌存在，间或随尿排出。本病的主要传播途径是消化道，但也可经皮肤感染，吸血昆虫可以传播本病。性成熟动物比幼龄动物的易感性高。

3. 临床症状

本病潜伏期为 2 周至 6 个月，患牛多为隐形感染。

① 主要症状是怀孕母牛流产，可发生于妊娠母牛的任何时期，多发于怀孕 6～8 个月。流产后常伴有胎衣停滞、子宫内膜炎。

② 有些病牛还常见关节炎、滑液囊炎，关节肿痛，跛行，腕关节、跗关节等发生炎症。

③ 公牛常见睾丸炎、附睾炎。急性病例睾丸肿痛，精液中含有大量的布鲁杆菌。

4. 病理变化

流产胎儿水肿或有出血点，呈黄色胶冻样浸润，胎衣增厚。胎儿皮下结缔组织发生浆液出血性炎症，真胃中有淡黄色或白色黏液和絮状物，脾脏和淋巴结肿大，肺有支气管肺炎，膀胱浆膜有点状或线状出血。

公牛可发生化脓性、坏死性睾丸炎和附睾炎，睾丸显著肿大，被膜与外层的浆膜相粘连，切面具有坏死灶或化脓灶。

5. 诊断

一旦有布鲁菌病感染，青年牛的流产率与早产率高，奶牛的胎衣不下发病率高。对流产、早产、胎衣不下、发病率高的牧场在排除传染性鼻气管炎、病毒性腹泻、霉菌性感染等传染病外，首先应考虑布鲁菌病的感染，并进行布鲁菌病的检测。

竞争 ELISA（酶联免疫吸附实验）检测方法准确率可达 97% 以上，是更为准确的筛查方法。

6. 防治措施

① 坚持自繁自养，必须引进时，进行隔离检疫。

② 畜群严格检疫，每年进行 2 次全群检疫，对布鲁菌病阳性的牧场要进行疫苗的接种。对满 6 月龄的牛用布

病 S2 疫苗口服免疫，7 月龄加强免疫 1 次，以后每年进行 1 次。所有布鲁菌病阴性牛，每年防疫 1 次。S19 号疫苗免疫安全、有效，免疫期长。

③ 发现流产牛，首先隔离，尽快诊断，确诊为本病或检疫阳性时，及时淘汰。

二、牛结核病

结核病是由分枝杆菌引起的一种人畜共患的慢性传染病，以多种组织形成肉芽肿、干酪样钙化结节为特征。

1. 病原

分枝杆菌革兰染色阳性，对干燥和湿冷的抵抗力很强。在干燥痰中能存活 10 个月，在病变组织和尘埃中能生存 2～7 个月或更久，在水中可存活 5 个月，在粪便、土壤中可存活 6～7 个月，在冷藏奶油中可存活 10 个月。但对热的抵抗力差，60℃经 30 分钟即死亡，在直射阳光下经数小时死亡，常用消毒药经 4 小时可将其杀死。

2. 流行特点

人对本病易感，也可感染多种动物。家畜中牛最易感，特别是奶牛，其次为黄牛、牦牛、水牛，猪和家禽的易感性也较强，羊极少患病。病人和患病畜禽，尤其是开放型患者和病畜是主要传染源，其痰液、粪尿、乳汁和生殖道分泌物中都可带菌，污染食物、饲料、饮水、空气和环境而散播传染。本病主要经呼吸道、消化道感染，病菌随咳嗽、喷嚏排出体外，飘浮在空气飞沫中，健康人畜吸入后即可感染。饲养管理不当与本病的传播有密切关系，牛舍通风不良、拥挤、潮湿、阳光不足、缺乏运动，最易患病。本病多呈散发，无明显的季节性。

3. 临床症状

以肺结核多见。潜伏期短则数十天，长则几个月甚至几年，病初多无明显症状，可短促干咳，后渐变为湿咳，病牛日渐消瘦，贫血，咳嗽日益加重，呼吸困难。病情恶化后可以发生全身粟粒性结核。

胸膜、腹膜结核时，形成结核结节，如珍珠或葡萄状。胸部听诊有摩擦音。

乳牛常可发生乳房结核，乳房有局限性或弥漫性结节，乳房上淋巴结肿大。

发生肠结核时可出现顽固性腹泻。

4. 病理变化

剖检特征是患病组织器官形成结核结节。最常见于肺、肺门淋巴结、纵隔淋巴结，其次为肠系膜淋巴结，其表面或切面常有很多突起的白色或黄色结节，切开后有干酪样的坏死，有的见有钙化，刀切时有沙砾感。

胸腔或腹腔浆膜可发生密集的结核结节，结节质地坚硬，粟粒大至豌豆大，灰白色的半透明或不透明状，即所谓"珍珠病"。

胃肠黏膜可能有大小不等的结核结节或溃疡。

乳房结核多发生于进行性病例，切开乳房可见大小不等病灶，内含干酪样物质。

5. 诊断

患牛出现原因不明的逐渐消瘦、咳嗽、肺部异常、慢性乳腺炎、顽固性下痢、体表淋巴结慢性肿胀等症状，可怀疑本病。结合病理剖检的特异性结核病变，作出初步诊断，确诊需进行实验室诊断。

6. 防治措施

① 坚持自繁自养，必须引进时，严格隔离、检疫。

② 每年进行 2 次检疫，检出阳性牛并淘汰。

③ 加强消毒。

④ 培育健康犊牛。产房使用前后用 3% 苛性钠、5% 来苏尔消毒。犊牛出生后喂给健康牛奶或消毒奶，隔离饲养。

三、气肿疽

气肿疽又称黑腿病或鸣疽，是由气肿疽梭菌引起的牛的一种急性、败血性传染病。临床上以肌肉丰满部位发生黑色的炎性气性肿胀，按压有捻发音，并常有跛行为特征。

1. 病原

本病病原为气肿疽梭菌，革兰染色阳性，芽孢位于菌体中央或一端。本菌的繁殖体对理化因素的抵抗力不强，而芽孢的抵抗力极大，在土壤内可以生存 5 年以上，干燥病料内芽孢在室温中可以生存 10 年以上，在液体中芽孢可耐煮沸 20 分钟以上。0.2％升汞溶液 10 分钟、0.3％福尔马林溶液 15 分钟可杀死本菌。

2. 流行特点

半岁至 4 岁的牛最易感染。病牛是主要的传染源。病牛的分泌物、排泄物污染水源、土壤、饲草，牛采食了含有大量气肿疽梭菌（芽孢）的草料和饮水感染发病。皮肤创伤和吸血昆虫叮咬也能传播本病。以温暖多雨季节和地势低洼地区发生较多发，常呈地方性流行。

3. 临床症状

潜伏期 3～5 天，多为急性经过，体温升高到 41～42℃，食欲废绝，反刍停止。早期即出现跛行。在股、臀、肩等肌肉丰满部位发生炎性水肿。初期热而痛，后中央变冷、无痛，皮肤干硬呈暗红色或紫黑色，触诊如捻发音，叩诊呈明显鼓音。肿胀部破溃或切开后，流出污红色带泡沫酸臭液体。呼吸困难，全身症状加重，如不及时治疗，常在 1～3 天内死亡。

4. 病理变化

病尸腐败膨胀。鼻孔、肛门、阴道口流出血样液体。肌肉丰厚部位有捻发音性肿胀。皮下组织呈红色或金黄色胶冻样浸润。肿胀部大块肌肉有暗红色坏死，内有小空隙、横切面呈海绵状。心脏内外膜有出血点，心肌变性。肝切面有大小不等的棕色干燥病灶，胃肠道有微出血性炎症。

5. 诊断

根据流行特点、临诊症状和病理变化，可作出初步诊断。进一步确诊需采取肿胀部位的肌肉、肝、脾及水肿液，做细菌分离和动物试验。

6. 防治措施

气肿疽发病急，病程过短。

治疗早期可用抗气肿疽血清，静脉注射。抗菌药物可选用青霉素肌内注射 3～4 次，每次 200 万～300 万国际单位，10% 磺胺嘧啶钠溶液静脉注射 100～200 毫升，2 次/天。

局部治疗可用 3% 双氧水或 0.25%～0.5% 普鲁卡因溶液 10～20 毫升，青霉素 80 万～120 万单位，溶解后于肿胀周围分点皮下或肌内注射。

对近 3 年内发生过气肿疽的地区，每年春天要接种气肿疽菌苗。小牛长到 6 个月时再加强免疫 1 次，免疫期约 6 个月。

一旦发生本病，病牛应立即隔离治疗，死畜应深埋或焚烧。病牛围栏、用具及场地用 0.2％升汞液或 3％福尔马林溶液消毒。粪便、污染的饲料和垫草等均应焚烧销毁。

四、巴氏杆菌病

牛巴氏杆菌病又称牛出血性败血症，是由多杀性巴氏杆菌引起的一种急性传染病。临床以高热、肺炎、急性胃肠炎和内脏器官广泛出血为特征。

1. 病原

病原为多杀性巴氏杆菌，革兰染色阴性。本菌对外界环境抵抗力低，在干燥空气中 2～3 天死亡，在血液、排泄物和分泌物中能存活 6～10 天。常用消毒药，如 1％～2％烧碱、5％福尔马林等，可在数分钟内杀死。

2. 流行特点

本病多为散发，圈舍通风不良、潮湿、拥挤、气候骤变、寒冷、饲料霉变、营养缺乏、长途运输等情况机体抵抗力下降时，病菌即可侵入机体内。病牛的排泄物、分泌物污染饲料、饮水、用具，经消化道传染给健康牛，也可经呼吸道而传染，吸血昆虫叮咬以及皮肤、黏膜伤口均可发生传染。本病无明显的季节性，天气骤变、阴湿寒冷时多发。

3. 临床症状

潜伏期 2～5 天。根据临床表现可分为四型。

（1）败血型　体温升高至 41～42℃，精神沉郁，食欲废绝，鼻镜干裂，呼吸困难，鼻流出带泡沫的液体，腹泻，粪便带血，一般 12～24 小时内因虚脱而死亡。

（2）肺炎型　主要表现出纤维素性胸膜肺炎症状。呼吸困难，干咳，流出脓性鼻液。胸部听诊有支气管呼吸音和啰音，或胸膜摩擦音。胸部叩诊呈浊音。3～7 天，多衰竭死亡。

（3）浮肿型　颈部、咽喉部及胸前的皮下结缔组织发生炎性水肿，指压时初感有热、痛且硬，后变凉，疼痛减轻，舌及周围组织高度肿胀，呼吸困难，流涎，皮肤、黏膜发绀，常因窒息而死。病程 12～36 小时。

（4）慢性型　由急性型转变而来，病牛长期咳嗽，慢性腹泻。

4. 病理变化

（1）败血型　皮下、全身组织器官黏膜、浆膜、皮下组织和肌肉点状出血，心包、胸膜及腹膜出血最明显。脾脏无变化或有小点出血灶。淋巴结肿胀，有弥漫性出血。肝、肾实质变性。

（2）肺炎型　以纤维性渗出性肺炎和胸膜肺炎为主；胸腔有纤维素性渗出物，肺呈红色肝变，切面大理石样变。

（3）浮肿型 头、颈部、咽喉水肿，切开水肿部位有深黄色透明液体，上呼吸道黏膜卡他性炎症。

5. 防治措施

加强饲养管理，注意通风换气，避免过度拥挤，定期对牛舍及运动场进行消毒。

牛出败氢氧化铝灭活苗，体重 100 千克以上的牛注射 6 毫升，体重 100 千克以下的牛注射 4 毫升，皮下或肌内注射，注射后 3 周产生免疫力，免疫期 9 个月。

用高免血清有较好的效果，抗生素可用青霉素、链霉素等药物，有一定效果。

五、沙门菌病

1. 病原

病原为鼠伤寒沙门菌、都柏林沙门菌和纽波特沙门菌，革兰染色阴性。沙门菌对干燥、日光等抵抗力较强，但对化学消毒剂抵抗力不强，一般常用消毒剂均可将其杀灭。

2. 流行特点

病牛或是本病的主要传染源，可发生于任何年龄的牛，10～40 日龄犊牛多发。病牛的粪便污染饲料、饮水，通过消化道传播。乳汁不良、断奶过早、气候突变、寒冷等可诱发本病。本病一年四季均可发生，犊牛可表现为流行性。

3. 临床症状

犊牛可于出生后 48 小时内出现拒食、卧地、迅速衰竭等症状，常于 3～5 天内死亡。多数犊牛常于 10～14 日龄以后发病，表现为体温升高，呼吸困难，排出灰黄色混有黏液和血丝的液状粪便，一般于症状出现后 5～7 天内死亡，病死率高达 50%。病期延长时腕关节和跗关节可能肿大，有的还有支气管炎和肺炎症状。

成年牛高热，体温达 40～41℃，食欲废绝，呼吸困难，迅速衰竭，昏迷。大多数病牛于发病后 12～24 小时，粪便带血，不久即变为下痢，粪便恶臭，含有纤维素絮片，间杂有黏膜。怀孕母牛多数发生流产。

4. 病理变化

（1）犊牛　心壁、腹膜、皱胃、小肠等处有出血点。脾脏充血肿大。病程长时肺有炎性区，膝关节、附关节有浆液性、纤维素性炎症。

（2）成年牛　出血性肠炎，大肠黏膜脱落，局部有坏死灶。肝脂肪性变或灶性坏死。脾充血、肿大。

5. 诊断

根据临床特点和病理变化作出初步诊断，确诊需进行实验室诊断。

6. 防治措施

加强饲养管理，减少和消除发病诱因，加强消毒，保持饲料免受沙门菌污染；严格检疫，防止有病或带菌牛的引入。

抗菌消炎、补液，头孢噻呋、丁胺卡那霉素、恩诺沙星等都可作为治疗药物，最好根据药敏试验结果选择抗菌药物。

六、犊牛大肠杆菌病

犊牛大肠杆菌是由致病性大肠杆菌的某些血清型引起的，以新生牛犊和幼龄牛发病为主的肠道传染病。以腹泻、败血症、赤痢样症候群以及肠毒血症为特征。

1. 病原

病原为某些大肠杆菌特定的血清型，革兰染色阴性。大肠杆菌对理化因素抵抗力不强，常用的消毒剂可将其杀死，对热也较敏感，$60℃$、30分钟可以杀死。但在寒冷、干燥环境中可长期生存。致病性大肠杆菌对抗生素的药物敏感不断下降，菌株耐药越来越多。

2. 流行特点

10日龄以内犊牛多发。病牛和带菌牛为主要传染源。病原菌随粪便排出，污染饮水、饲料和周围环境而传播本病。幼畜未及时吸吮初乳、饥饿、过饱、饲料不良、气候剧变等易诱发本病。

3. 临床症状

临床上分为败血型、肠毒血型和肠型。

（1）败血型　主要发生于未吃过初乳的7日龄内幼

犊，表现为发热、精神沉郁或有腹泻，常于出现症状后数小时至 24 小时内死亡。

（2）肠毒血型　主要发生于吃过初乳的 7 日龄内幼犊，但较少见，往往见不到症状就突然死亡，病程稍长者可见到典型的中毒性神经症状，先呈兴奋不安，后出现沉郁，直至昏迷，进入濒死期。

（3）肠型　多见于 7～10 日龄吃过初乳的幼犊，表现为发热、食欲减退或废绝、下痢、腹痛等症状。

4. 病理变化

尸体消瘦，被毛粗乱，后躯沾污粪便。败血症和肠毒血症死亡的牛犊，常无明显的病理变化。

腹泻型死亡的犊牛以胃、肠变化为主。真胃内有大量凝乳块，黏膜充血、水肿，表面覆盖有胶冻样黏液，胃黏膜出血、溃疡。肠内容物常混有血液和气泡，小肠黏膜充血、出血，部分黏膜上皮脱落。肝脏瘀血、肿大，被膜下有出血点，肾脏皮质部有出血点。病程长的犊牛，关节和肺也有炎症病变。

5. 诊断

根据临床症状、病理变化作出初步诊断，确诊需进行实验室诊断。

6. 防治措施

孕牛应加强饲养和护理，仔畜应及时吸吮初乳，饲料配比适当，勿使饥饿或过饱。注意通风换气和环境、用具消毒。用针对本地流行的大肠杆菌血清型菌株制备的疫苗接种。

抗菌、补液，用庆大霉素、丁胺卡那霉素、强力霉素等药物治疗，最好根据药敏试验结果选择抗菌药物。病情恢复后使用活菌制剂调理胃肠菌群。

七、牛放线菌病

放线菌病是由牛放线菌和林氏放线菌引起的慢性传染病。牛放线菌一般存在于健康牛口腔中，幼龄牛易发，主要侵害骨骼。林氏放线菌引起皮肤和软组织器官（如舌、乳腺、肺等）的放线菌病。以头、颈、颌下和舌出现放线菌肿为特征。

1. 流行病学

细菌存在于土壤、饮水和饲料中，并寄生于动物的口腔和上呼吸道中。当皮肤、黏膜损伤时（如被禾本科植物的芒刺刺伤或划破），即可能引起发病。

2. 临床症状

常见上、下颌骨肿大，有硬的结块，致咀嚼、吞咽困难。有时，硬结破溃、流脓，形成瘘管。舌组织感染时，活动不灵，称木舌，病牛流涎，咀嚼困难。

3. 病理变化

临诊所见的肿胀、结块部位，均为脓肿和肉芽肿。脓肿中的脓液呈乳黄色，含有硫黄样颗粒——镜检见放线菌菌芝。受细菌侵害的骨骼体肥大，骨质疏松。

4. 诊断

取脓汁中的硫黄颗粒做压片或取病变组织切片镜检确定。

5. 防治措施

防止皮肤、黏膜创伤，不用过长过硬的干草喂饲。手术切除硬结。

① 伤口周围分点注射 10% 碘仿乙醚，创腔涂碘酊。

② 内服碘化钾，成牛每天 5～10 克，犊牛 2～4 克，每天 1 次，连用 2～4 周。重症可用 10% 碘化钠 50～100 毫升静脉注射，隔日 1 次，连用 3～5 次。如出现碘中毒现象，应停药 6 天。

③ 青霉素、链霉素，患部周围注射，每日 2 次，连用 5 天。

八、牛炭疽病

本病是由炭疽杆菌引起的动物急性和烈性传染病，会传染给很多动物，如猫、狗等动物。

1. 临床症状

各种动物均可感染，以草食动物最易感。病死畜的血液、内脏和排泄物中含有大量菌体，如果处理不当即可污染环境、水源，造成疫病传播。健康动物经消化道感染，也可经皮肤和呼吸道感染。猫、狗、野生动物易感性虽差，但可带菌，从而扩大传播；被污染的骨粉、皮毛也是传染源。炭疽病可呈地方性流行，一般为散发。

牛多为急性型，病畜发热至42℃，呼吸困难，可视黏膜蓝紫色、有出血点，瘤胃臌气，腹疼，全身战栗，昏迷，1～2天内死亡。死前有天然孔出血。病程较长时（2～5天），可见颈、胸、腹部皮肤浮肿。

2. 病理变化

牛表现为急性败血症，天然孔出血，脾肿大几倍，血不凝固，脾髓及血如煤焦油样（这是由于脾髓极度充血、出血、淋巴组织萎缩和脾小梁平滑肌麻痹所致），切片见有大量炭疽杆菌；内脏浆膜有出血斑点；皮下胶冻样浸润；肺充血、水肿；心肌松软，心内外膜出血；全身淋巴结肿胀、出血、水肿等。

3. 诊断

根据症状、病变可疑炭疽时，应慎重剖检。取耳血一滴做涂片，用美蓝和瑞氏染色、镜检，若见多量单个或成对的有荚膜、两端平直的粗大杆菌，可初步诊断。确诊应做细菌分离，接种小白鼠和做炭疽沉淀试验。

4. 防治措施

确认炭疽后立即上报有关单位；封锁现场，彻底消毒污染的环境、用具（用 20％漂白粉），焚烧毛皮、饲料、垫草、粪便；人员、牲畜、车辆控制流动，严格消毒；工具、衣服煮沸或干热灭菌（工具也可用 0.1％升汞液浸泡）。种畜用抗炭疽血清和磺胺、青霉素治疗。易感群应每年接种炭疽芽孢菌苗 1 次。尸体深埋或焚烧。

九、牛破伤风

该病是由破伤风梭菌经伤口感染所引起的急性传染病。本病特征为病畜全身骨骼肌呈持续强直痉挛，对环境刺激兴奋性增高。

1. 流行特点

病畜和带菌畜是传染源，通过粪便和伤口向外排菌，细菌在土壤中可形成芽孢。多呈散发，发病率低，但病死率高。本菌抵抗力不强，一般消毒药均能在短时间内将其杀死。其芽孢抵抗力强，在土壤中可存活几十年。

2. 临床症状

多因产犊、带鼻环引起。初期咀嚼缓慢，步态僵硬，角弓反张，全身强直痉挛；牙关紧闭，尾根上举；行走困难，跌倒后不易站起；对外界刺激兴奋性增高；瘤胃臌气，呼吸困难；最后因呼吸衰竭而死亡。

3. 防治措施

在经常发生牛破伤风的地区，可给牛每年定期注射精制破伤风类毒素，平时要注意防止牛的外伤，做手术和进行打耳号等操作时，做好消毒。

早期可用破伤风抗毒素 100 万单位，皮下、肌内或静脉注射。如能发现伤口，应清创、扩创，并用 3％双氧水彻底消毒，配合青霉素、链霉素进行创口周围注射。加强护理，对症治疗。

第三节　寄生虫病

一、牛螨病

本病是由螨虫寄生于牛引起的一种慢性接触传染性外寄生虫病，对牛危害严重。

1. 病原

螨虫包括疥螨属和痒螨属的各种螨。

疥螨：形体很小，肉眼难以看到。雌螨大小为（0.25～0.51）毫米×（0.24～0.39）毫米，雄螨大小为（0.19～0.25）毫米×（0.14～0.29）毫米。背面隆起，腹面扁平，浅黄色，半透明，呈龟形。虫体前端有一咀嚼式口器，无眼。其背面有细横突、锥突、圆锥形鳞片和刚毛，腹面具 4 对粗短的足。

痒螨：大小为 0.5～0.9 毫米，呈长圆形，灰白色，肉眼可见。虫体前端有长圆锥形刺吸式口器，背面有细的线纹，无鳞片和棘。腹面有 4 对长足，前两对比后两对长。

疥螨和痒螨的发育包括卵、幼虫、若虫和成虫四个阶段，全部发育过程都是在牛皮肤内完成的。疥螨整个发育过程平均约 15 天，痒螨整个发育过程约为 10～12 天。

2. 流行病学

牛螨病主要是通过病畜与健康畜直接接触传播的。也可通过被螨及其卵污染的圈舍、用具造成间接接触感染。饲养员、牧工、兽医的衣服和手也可引起病原的播散。

本病主要发生于秋末、冬季和初春，尤其阴雨天气，圈舍潮湿，体表湿度较大，适宜于螨的发育和繁殖。夏季牛皮肤受日光照射较干燥，螨大部分死亡。痒螨寄生于牛体表皮肤，本身具有坚韧的角质表皮，对环境不利因素的抵抗力超过疥螨。如在 6～8℃、85％～100％湿度条件下，在圈舍内能活 2 个月，在牧场上能活 35 天。

3. 症状

病牛表现剧痒，皮肤变厚、结痂，脱毛和消瘦等。

疥螨病多发生于毛少而柔软的部位。牛多局限于头部和颈部，严重感染时也可波及其他部位。皮肤发红肥厚，出现丘疹、水疱，继发细菌感染可形成脓疱。严重感染时动物消瘦，病部皮肤形成皱褶或龟裂，干燥、脱屑。少数患病的犊牛可因食欲废绝、高度衰竭而死亡。

痒螨病多发生于毛密而长的部位，牛多发生于颈部、角基底、尾根，蔓延至垂肉和肩胛两侧，严重时波及全身。患病部位脱毛，皮肤形成水疱、脓疱，结痂肥厚。由于淋巴液、组织液的渗出及动物相互间啃咬，患部潮湿。严重感染时，牛精神委顿，食欲大减，发生死亡。

4. 病理变化

疥螨病以疹性皮炎、脱毛、形成皮屑干痂为特征。痒螨病以皮肤表面形成结节、水疱、脓疱，后者破溃干涸形成黄色柔软的鳞屑状痂皮为特征。

5. 诊断

根据症状可作出诊断；疥螨病取病料在病、健皮肤交界处刮至微出血，镜检；痒螨病在病、健皮肤交界处刮取病料镜检，查到各发育阶段虫体或虫卵可确诊。

6. 防治措施

选用敌百虫、溴氰菊酯、杀虫脒、伊维菌素等药物杀虫。

敌百虫1份加液体石蜡4份，加温溶解后涂擦患部。

溴氰菊酯（0.005％～0.008％水溶液）、杀虫脒（0.1％～0.2％水溶液）涂擦或喷洒。

伊维菌素，每千克体重0.2毫克，配成1％溶液皮下注射，隔日重复用药 1 次。

二、球虫病

牛球虫病是球虫寄生在牛肠道黏膜上皮细胞内而引起的一种原虫性疾病。犊牛容易发病，以急性出血性肠炎为特征。

1. 病原

寄生在牛体内的球虫有十余种，以邱氏艾美耳球虫和牛艾美耳球虫致病力最强，临床最常见。

邱氏艾美耳球虫主要寄生在直肠也可寄生在盲肠、结肠黏膜上皮细胞内。卵囊为圆形或椭圆形，大小为（14～17）微米×（17～20）微米，呈淡黄色。

牛艾美耳球虫寄生在牛小肠、盲肠和结肠黏膜上皮细胞内。卵囊呈椭圆形，大小约（20～21）微米×（27～29）微米，呈褐色。

生活史为虫体在寄生部位的上皮细胞内经过裂体增殖和配子生殖后，脱离肠上皮细胞，随粪便排到外界。在外界适宜的温度、湿度条件下，进行孢子生殖，卵囊内发育形成孢子囊（4个）和子孢子（8个），含有成熟子孢子的卵囊为感染性卵囊。健牛随饲草、饲料、饮水食入这种卵囊后即被感染，子孢子侵入牛体内又重复以上的发育过程。

2. 流行病学

2 岁以下的犊牛发病率与死亡率较高。成年牛大多带虫而不表现症状。病牛和带虫牛是本病的传染源。本病多发生在 4～9 月。牛场泥泞或牧区潮湿，牛群易感染发病。饲料突然更换，舍饲与放牧相互转变易诱发本病。

3. 临床症状

牛球虫病的潜伏期约为 2～3 周，多为急性经过。病牛精神沉郁，食欲减退，粪便稀薄并混有血液。随着病程的延长，病牛精神委顿，食欲废绝，体温上升到 40～41℃，喜躺卧，瘤胃蠕动和反刍完全停止，呈进行性腹泻，稀便中带有血液、黏液和纤维素性伪膜，有恶臭。母牛泌乳减少或停止。末期粪便中含大量血液，病牛极度消瘦、衰竭而死亡。

慢性病例可长期下痢、便血、消瘦，终致死亡。

4. 病理变化

盲肠、结肠、直肠发生出血坏死性炎症，内容物稀薄，混有血液、黏液和纤维素。肠壁淋巴滤泡肿大，有灰白色病灶，上部黏膜溃疡。

5. 诊断

根据流行病学、症状和病变可作出初步诊断。粪便和直肠刮取物检查若发现大量球虫卵囊即可确诊。

6. 防治措施

（1）治疗

① 氨丙啉，犊牛 20～25 毫克/千克体重，口服，1
次/天，连用 4～5 天。

② 磺胺二甲基嘧啶，犊牛 100 毫克/千克体重口服，
1 次/天，连用 3～7 天。

③ 同时配合对症治疗，使用鱼石脂等灌服，输液，
补糖等。

（2）预防

① 保持牛舍和运动场卫生、干燥，粪便、垫草进行
生物发酵以杀死卵囊。

② 用 3%～5% 热碱水消毒地面、饲槽、水槽，保持
饲草、饲料、饮水清洁卫生。

③ 成年牛多为带虫者，犊牛和成年牛分群饲养，分
草场放牧。发现病牛及时隔离治疗。

三、肝片形吸虫病

肝片形吸虫病是严重危害牛羊反刍兽的蠕虫病，又叫
肝蛭病。虫体片形呈棕红色，长 20～75 毫米，宽 10～13
毫米，寄生于牛羊的肝脏胆管中，引起动物消瘦、贫血、
水肿、生长发育迟缓、功能障碍，引起牛大批死亡，造成
巨大损失。

1. 临床症状

肝片形吸虫病多见于夏秋感染，因此时动物营养状况良好，常不见症状，但入冬以后特别是初春营养状况不良时，就逐渐出现临床症状，牛的症状常呈慢性经过。虫体到达肝脏时往往不显症状，但随着虫体的成长，症状日渐显著。出现食欲不振或异嗜，下痢，周期性瘤胃臌气，前胃弛缓，被毛无光，贫血消瘦。最后出现颈下、胸下、腹下水肿，病牛衰竭倒地死亡。

2. 防治措施

（1）预防　定期驱虫，春秋 2 次驱虫；粪便堆积发酵，杀灭虫卵；消灭实螺，放牧时防止在低洼地、沼泽地饮水和食草。

（2）治疗　可选用硝氯酚、硫双二氯酚、丙硫咪唑、碘醚柳胺进行治疗性驱虫。

第四节　支原体传染病

一、牛肺疫

牛肺疫也称牛传染性胸膜肺炎，俗称烂肺疫，是由丝状支原体引起的一种接触性传染病，以纤维素性肺炎和浆液纤维素性肺炎为特征。

1. 病原

牛肺疫丝状支原体细小、多形，常见球形，革兰染色阴性。1%来苏尔、5%漂白粉、1%～2%氢氧化钠或0.2%升汞均能迅速将其杀死。

2. 流行病学

牛肺疫主要通过呼吸道感染，也可经消化道或生殖道感染。本病多呈散发性流行，常年可发生，但以冬春两季多发。非疫区常因引进带菌牛而呈爆发性流行；老疫区因牛对本病具有不同程度的抵抗力，发病缓慢，通常呈亚急性或慢性经过，往往呈散发性。在自然条件下主要侵害牛类，包括黄牛、牦牛、奶牛等，3～7岁多发，犊牛少见。病牛和带菌牛是本病的主要传染来源。

3. 临床症状

潜伏期2～4周，短者7天，长者可达几个月之久。

（1）急性型　病初体温升高至40～42℃，鼻孔扩张，鼻翼扇动，有浆液或脓性鼻液流出。呼吸高度困难，腹式呼吸，有痛性短咳。前肢张开，喜站。反刍迟缓或消失，可视黏膜发绀，臀部或肩胛部肌肉震颤。脉细而快，每分钟80～120次。前胸下部及颈垂水肿。胸部叩诊有实音，痛感；听诊时肺泡音减弱；病情严重出现胸水时，叩诊有浊音。若病情恶化，则呼吸极度困难，病牛呻吟，口流白沫，伏卧伸颈，体温下降，最后窒息而死。病程5～8天。

（2）亚急性型　其症状与急性型相似，但病程较长，症状不如急性型明显而典型。

（3）慢性型　病牛消瘦，常伴发癌性咳嗽，叩诊胸部有实音且敏感。在老疫区多见牛使疫力下降，消化机能紊乱，食欲反复无常，有的无临床症状但长期带毒。病程2～4周，也有延续至半年以上者。

4. 病理变化

主要特征性病变在呼吸系统，尤其是肺脏和胸腔。肺的损害常限于一侧，初期以小叶性肺炎为特征。中期为该病典型病变，表现为浆液性纤维素性胸膜肺炎，病肺呈紫红、红、灰红、黄或灰色等不同时期的肝变、变硬，切面呈大理石状外观，间质增宽。病肺与胸膜粘连，胸膜显著增厚并有纤维素附着。胸腔有淡黄色并夹杂有纤维素之渗出物。支气管淋巴结和纵隔淋巴结肿大、出血。心包液混浊且增多。末期肺部病灶坏死并有结缔组织包裹，严重者结缔组织增生使整个坏死灶瘢痕化。

5. 诊断

本病初期不易诊断。若引进种牛在数周内出现高热，持续不退，同时兼有浆液性纤维素性胸膜肺炎之症状并结合病理变化可作出初步诊断。高倍镜下见多形性菌体，即可确诊。

6. 防治措施

我国已经消灭此病。控制措施为严禁从国外疫区引进牛。必须引进时，严格隔离，加强检疫。发现病牛及血清阳性牛，及时扑杀销毁，彻底消毒。

二、牛传染性支原体肺炎

1. 流行特点

牛支原体肺炎是与运输应激密切相关的一种牛传染病，在我国是随着肉牛异地育肥生产模式而新出现的疫病。感染牛和羊，不感染人。病牛可通过鼻腔分泌物排出牛支原体，健康牛可通过近距离接触感染牛而感染发病。牛一旦感染，可持续带菌而成为其他健康牛的传染源，同时牛群中很难将该病原清除。常规消毒剂均可达到消毒目的。

较差的饲养管理因素与不利环境因素是该病的重要诱因，其他病原的混合感染对该病的发生起促进作用。运输、通风不良、过度拥挤、天气变化等因素均可诱发该病并加重病情。

2. 临床症状

主要侵害 3 月龄至 1 岁以内犊牛。

新从外地引进的肉牛，买回后 1 周左右发病，也有牛群在买回后第 2 天即发病。病初体温升高，达 42℃左右，持续 3～4 天。牛群食欲差，被毛粗乱，消瘦。病牛咳嗽，喘，清晨及半夜咳嗽加剧，有清亮或脓性鼻汁。有些牛继发腹泻，粪水样带血。可出现关节炎和角膜结膜炎。

3. 病理变化

病理变化主要集中在肺部与胸腔。肺和胸膜轻度粘连，有少量积液；心包积水，液体黄色澄清；肺部病变的严重程度在不同病牛表现出差异，与病程有关。可能只见肺尖叶、心叶及部分膈叶的局部红色肉变；或同时有化脓灶散在分布，或见肺部广泛分布有干酪样坏死灶；其他病变不同病例差异较大，与继发或并发症状有关。病理组织学观察可见支气管肺炎或坏死性支气管肺炎。

4. 防治措施

（1）治疗　使用抗菌药物进行治疗，如环丙沙星、氧氟沙星、泰乐菌素、替米考星、支原净、氟苯尼考等。严重者应配合对症治疗。

（2）预防

① 加强牛群引进管理。尽量减少远距离运输，不从疫区引进牛。犊牛在运输前应做好调适工作，至少在运输前30天断奶，并使其适应粗饲料与精饲料喂养。运输前还应做好牛口蹄疫等规定疫病的预防接种，做好牛结核、牛支原体感染等相关疾病的检疫检测，并对泰勒虫感染进行治疗，确保引进牛的健康。引进牛应隔离观察30～45天，确保健康后方可并群。

② 自繁自养。

③ 加强饲养管理。保持牛舍通风良好，清洁，干燥。牛群密度适当，避免过度拥挤。不同牛龄及不同来源的牛尽量分开饲养。适当补充精料与维生素及矿物元素，保证日粮的全价营养。

④ 加强疾病预防。定期消毒牛舍，及时发现与隔离病牛，早诊断、早治疗。

第五章

普通病

一、乳房炎

乳房炎是指牛乳腺受到物理、化学和微生物等的刺激而引起的乳腺叶间组织或腺体发炎，特点是乳汁发生理化性质变化。

1. 病因

乳房炎通常是由病原微生物侵入所引起，由环境、微生物和牛体三者共同作用而发生的。

常见的病原微生物主要有葡萄球菌、链球菌和肠道杆菌等。如母牛饲养管理不善、产后机体抵抗力下降、挤乳技术不当、机械挤乳损伤乳头皮肤和黏膜以及挤奶前手、乳头、乳房消毒不严等给细菌侵入乳房造成条件，易引发本病。结核病、布鲁菌病等传染病也可继发本病。

2. 临床症状

（1）隐性乳房炎　乳房和乳汁无肉眼可见异常，但乳汁的理化特性等已发生变化，如乳汁中白细胞数增多，乳汁 pH 值升高，泌乳量减少。

（2）临床型乳房炎　患部乳区红、肿、热、痛，乳汁变清，乳房淋巴结肿大，乳量减少或停止，有的混有凝乳块、絮状物或血液。严重时体温升高，反刍停止。根据病程长短和病情严重情况，可分为最急性、急性、亚急性和慢性乳房炎。

① 最急性。突然发病，发展迅速，患病乳区乳房明显肿大，坚硬如石，皮肤发紫，疼痛，患病乳区仅能挤出1～2 把黄水或淡的血水，产奶量剧减。

② 急性。病情较最急性缓和。乳房肿大，皮肤发红，疼痛明显，乳房内可摸到硬块，乳汁灰白色，混有乳凝块、絮状物。

③ 亚急性。发病缓和，食欲、体温正常；患病乳区红、肿、热、痛不明显；乳汁稍稀薄，色呈灰白色，最初几把乳内含絮状物或乳凝块。体细胞数增加，pH 值偏高。

④ 慢性。由急性转变而来。反复发生，病程长。头几把乳汁有块状物，以后又无，肉眼观察正常；重者乳汁异常，放置后能分出乳清或内含脓汁；乳房有大小不等的硬结。产奶量下降，药物疗效差。

3. 诊断

根据乳房的局部变化及乳汁的临床检查可作出判断。

隐性乳房炎乳汁的 pH 值、导电率，以及乳汁中的体细胞数、氯化物的含量高于正常值。用 CMT 法等检测隐性乳房炎。

4.防治措施

① 抗药物治疗。常用的药物有青霉素、链霉素、磺胺类、四环素类、氟喹诺酮类等，通过乳房内注入、肌内或静脉注射给药。也可使用中草药治疗。

② 加强饲养管理，改善卫生条件，创造良好的挤奶条件。严格遵守挤奶操作程序。干奶期注入抗菌药物。淘汰慢性乳房炎奶牛。

二、蹄叶炎

蹄叶炎为蹄真皮与角小叶的弥漫性、非化脓性的渗出性炎症。

1.病因

日龄不平衡，精料喂量过多，影响瘤胃正常功能；分娩时，母牛后肢水肿，使蹄真皮的抵抗力降低；四肢过度负重；甲状腺机能减退；胎衣不下、乳房炎、子宫炎等，都可继发本病。

2.临床症状

（1）急性病例　患病牛体温升高达 $40 \sim 41 ℃$，食欲减退、呼吸、脉搏增数，产奶量下降。轻型病例不爱运动，表现特有步态和弯背姿势，蹄有热感，蹄冠部肿胀，蹄壁叩诊疼痛。重症病牛起立和运动困难。

（2）慢性病例　大多由急性蹄叶炎发展而来。全身症状轻微，患蹄变形，蹄尖变长、向前缘弯曲，上翘，蹄壁伸长，蹄轮清除；系部和球节下沉，拱背，步态强拘。

3. 诊断

根据临床症状结合病因分析可作出诊断。

4. 防治措施

查找病因，因精饲料喂量过高所致的，应改变日粮结构，减少精料，增加干草；由乳房炎或子宫炎引起的，应治疗原发病。

早期应用抗组胺药，如灌服苯海拉明，效果好。给予肾上腺皮质激素如可的松注射等，可消除急性临床症状。

将患病牛置于清洁、干燥地面上饲喂，促使蹄内血液循环的恢复。为使扩张的血管收缩，减少渗出，急性病例可采用蹄部冷浴，可用 1％普鲁卡因 20～30 毫升行指（趾）神经封闭，缓解疼痛。

三、瘤胃酸中毒

瘤胃酸中毒是反刍动物采食了大量易发酵的碳水化合物饲料，在瘤胃内产生大量乳酸而引起的急性代谢性酸中毒。临床上以精神沉郁或兴奋、食欲下降、瘤胃蠕动停止、脱水等为特征。

1. 病因

突然过食谷物精料，如玉米、大麦、小麦、高粱、稻谷及其他糟粕类饲料等；块根、块茎类饲料，如马铃薯、甘薯、萝卜等，特别是在分娩前后，泌乳盛期大量采食这类饲料时，或突然改变饲料配方大量添加这类饲料都可引起发病。

2. 临床症状

（1）最急性 多在采食谷物后3～5小时突然死亡。瘤胃pH值迅速下降，瘤胃黏膜出血，瘤胃乳头坏死。

（2）慢性 精神沉郁，食欲废绝，瘤胃臌气，听诊瘤胃蠕动音减弱或消失，反应迟钝，肌肉震颤，步态摇晃。腹痛，后肢踢腹，磨牙，空嚼。粪便稀软或水样，酸臭。脉搏增加，呼吸急促。脱水，眼窝凹陷，尿少或无尿。

（3）重症 神经症状明显，意识不清，眼反射减弱或消失，瞳孔对光反射迟钝。后肢麻痹，瘫痪，卧地不起，角弓反张，昏迷死亡。

3. 诊断

根据病史、临床症状可作出初步诊断，血液中乳酸、碱储等含量，尿液、瘤胃液pH测定等，有助于确诊。

4. 防治措施

纠正瘤胃及全身酸中毒，恢复电解质平衡和胃肠功能为治疗原则。

① 静脉注射 5％碳酸氢钠 1000 毫升，5％葡萄糖溶液 1000 毫升，生理盐水 3000 毫升。输液补碱。

② 静脉注射 5％葡萄糖或复方氯化钠，每日 8000～10000 毫升，分 2 次注射。补液时配合输入 5％碳酸氢钠 500～1000 毫升，20％安钠咖 20～30 毫升。连续使用，直到脱水和酸中毒解除为止。

③ 患瘤胃酸中毒的病牛均表现轻度低血钙，并继发低血糖，可采用 10％～25％葡萄糖和 5％葡萄糖酸钙配合静脉注射。

④ 1％石灰水上清液及 2％～3％碳酸氢钠溶液，反复洗胃，直至瘤胃液呈碱性为止。

四、牛瘤胃臌气

本病为患畜过食易于发酵的大量饲草，如露水草、带霜水的青绿饲料、开花前的苜蓿、马铃薯叶以及已发酵或霉变的青贮饲料等引起。也有的是由于误食毒草或过食大量不易消化的豌豆、油渣等，这些饲料在胃内迅速发酵，产生大量气体，因而引起急剧膨胀。

继发性瘤胃臌气常见于食道阻塞、瘤胃积食、前胃弛缓、创伤性网胃炎、胃壁及腹膜粘连等疾病。

1. 病因

(1) 原发性原因　采食大量容易发酵的饲料；食入品

质不良的青贮料，腐败、变质的饲草，过食带霜露雨水的牧草等，都能在短时间内迅速发酵，在瘤胃中产生大量气体。尤其是在开春后开始饲喂大量肥嫩多汁的青草时最危险。饲料或饲喂制度的突然改变也易诱发本病。

（2）继发性原因　瘤胃臌气常继发于食管阻塞、麻痹或痉挛、创伤性网胃炎、瘤胃与腹膜粘连、慢性腹膜炎、网胃与膈肌粘连等。

2. 临床症状

采食不久后发病，弓腰举尾，腹部膨大，烦躁不安，采食、反刍停止，左腹部突出，叩之如鼓，气促喘粗，张口伸舌，左腹部迅速胀大，摇尾踢腹，听诊瘤胃蠕动音消失或减弱。

3. 防治措施

（1）预防

① 防止牛采食过量的多汁、幼嫩青草和豆科植物（如苜蓿）以及易发酵的甘薯秧、甜菜等。不在雨后或带有露水、霜等草地上放牧。

② 大豆、豆饼类饲料要用开水浸泡后再喂。

③ 做好饲料保管和加工调制工作，严禁饲喂发霉腐蚀饲料。

（2）治疗　排气减压，制止发酵，恢复瘤胃的正常生理功能。

① 膨气严重的牛要用套管针进行瘤胃放气。膨气不严重的牛用消气灵 10 毫升×3 瓶，液体石蜡油 500 毫升×1 瓶，加水 1000 毫升，灌服。

② 为抑制瘤胃内容物发酵，可内服防腐止酵药，如将鱼石脂 20～30 克、福尔马林 10～15 毫升、1%克辽林 20～30 毫升加水配成 1%～2%溶液，内服。

五、生产瘫痪（产后瘫痪）

生产瘫痪是母牛分娩前后突然发生的一种急性代谢性疾病，以低血钙、瘫痪、昏迷为特征。

1. 病因

分娩前后大量血钙进入初乳且动用骨钙的能力降低，是引起血钙浓度急剧下降的主要原因。

2. 临床症状

产后瘫痪多数发生在分娩后的 72 小时内。根据临床症状可分为前驱症状、瘫痪卧地、昏迷状态 3 个阶段。

（1）前驱症状　出现短暂的兴奋和抽搐。食欲废绝，站立不动，摇头、伸舌和磨牙。病牛敏感性高，四肢肌肉震颤，行走时，步态跟跄，后肢僵硬，共济失调，左右摇摆，易于摔倒。

（2）瘫痪卧地　伏卧的牛，四肢缩于腹下，颈部常弯向外侧，呈 S 状。躺卧的牛四肢伸直，侧卧于地。病牛体温低于正常，在38℃以下，耳、鼻、皮肤和四肢发凉。瘤胃蠕动停止，便秘。心音微弱，心率加快，瞳孔散大，反射减弱或消失。

（3）昏迷状态 精神高度沉郁，眼睑闭合，昏睡。心音极度微弱，心率可增至120次/分钟。颈静脉凹陷，多伴发瘤胃臌气。

3. 诊断

病牛多为3～6胎的高产母牛，产后不久，常在产后3天之内瘫痪，体温低于正常，卧地后知觉消失，昏睡，心率加快，血钙降低。

4. 防治措施

（1）治疗 静脉注射钙制剂或乳房送风是治疗生产瘫痪的有效方法。

① 静脉注射钙剂。静脉注射10％葡萄糖酸钙溶液，加入4％硼酸效果更佳。也可25％～50％葡萄糖溶液、10％氯化钙、安钠咖混合静脉注射。血磷、血镁降低的牛，可静脉注射15％磷酸二氢钠200毫升及皮下注射25％硫酸镁溶液。

② 乳房送风。向乳房内打入空气，以增加乳房内压力，减少乳房血流量，增加循环血量，使血压升高并抑制泌乳，使血钙、血磷不再减少。乳房送风疗法适用于对钙疗法反应不佳或复发的病例。

（2）预防 加强妊娠奶牛的饲养管理，注意日粮中的钙磷含量和比例。产前2周的奶牛，日粮中钙磷比例以保持在（1∶1）～（1.3∶1）为宜。适当增加运动和光照，产前2～8天肌内注射维生素D 1000万国际单位有预防作用。

六、牛酮病

酮病是牛体内碳水化合物和脂肪代谢障碍或紊乱引起的一种全身性功能失调的代谢性疾病。临床上以消化功能障碍和神经功能紊乱为特征。

1. 病因

营养不足或日粮结构不当，如牛分娩后大量泌乳时，若采食量不能满足能量需要，机体动员体脂和分解蛋白质来满足需要，使血液中酮体产生过多而致病。或饲料中精料、粗料比例不当，如黄豆、豆饼、豆腐渣等比例过高，玉米、麸皮等饲喂不足，蛋白质、脂肪分解过多，产生大量酮体。

内分泌功能失调，微量元素钴缺乏也可引起酮病发生。

皱胃变位、创伤性网胃炎、子宫内膜炎、产后瘫痪等疾病，可继发本病。

2. 临床症状

主要症状是精神沉郁，食欲减退，产奶量急剧下降，尿或奶呈现酮体阳性反应甚至有特殊的酮味。临床可分为消化型、神经型和生产瘫痪型。

（1）消化型　病牛精神沉郁，食欲减退，初期常拒食精料，仅吃少量干草和青草，后期食欲废绝。病牛反刍减少，流动蠕动减弱或消失，泌乳量急剧下降。

（2）神经型　除呈现消化型酮病的症状外，有不同程度的神经症状。病牛兴奋不安，摇头，空嚼，从口角流有混杂泡沫状唾液，眼球震荡，转圈。

（3）生产瘫痪型　病牛出现类似生产瘫痪的症状，卧地不起，脊椎S状弯曲，消瘦，食欲不振。

3. 诊断

据本病的临床症状，结合病史以及血液和尿液中酮体含量增多、血糖含量减少，可作出诊断。

4. 治疗

加强护理，调整饲料，减喂油饼类等富含脂肪的饲料，增喂富含糖和维生素的饲料。

① 使用25％或50％葡萄糖溶液，静脉注射，每次300～500毫升，每天2次。神经型酮病，静脉注射25％硫酸镁注射液200～250毫升或20％葡萄糖酸钙注射液250毫升。

② 应用氢化可的松0.5～1克，或醋酸可的松0.5～1.5克，肌内注射或静脉注射。

③ 补充产糖物质，可用丙酸钠 120～200 克，混饲喂给，连用 7～10 天。也可内服乳酸钠或乳酸钙 450 克，每天 1 次，连用 2 天。

七、胎衣不下

母畜分娩后胎衣在正常时限内不排出则为胎衣不下或胎衣滞留。牛产后排出胎衣的正常时间为 12 小时，超过 12 小时为异常。

1. 病因

牛胎盘属于上皮绒毛膜与结缔组织绒毛膜混合型，胎儿胎盘与母体胎盘联系比较紧密，这是胎衣不下发生较多的主要原因。其次产后子宫收缩无力和胎盘炎症等也易造成胎衣不下。

（1）产后子宫收缩无力　怀孕期间，饲料中矿物质、微量元素和维生素 A 等缺乏，孕牛消瘦、过肥、运动不足等，怀双胎、胎儿过大、流产、难产等，都易发生胎衣不下。

（2）胎盘炎症　怀孕期间感染布氏杆菌、沙门杆菌、李氏杆菌等，引起子宫内膜炎及胎盘炎，易于发生胎衣不下。

2. 临床症状

胎衣不下分为胎衣部分不下及胎衣全部不下两种。

胎衣全部不下，即整个胎衣不排出来，胎儿胎盘的大部分仍与子宫黏膜连接，仅见一部分胎衣悬吊于阴门之外。

奶牛经过 1～2 天，滞留的胎衣腐败分解，从阴道内排出污红色恶臭液体，病畜卧下时排出较多。腐败分解产物被吸收后，出现全身症状。病畜常常拱背，努责，体温稍高，食欲及反刍减少；胃肠机能紊乱，腹泻，瘤胃迟缓。

胎衣部分不下，即胎衣大部分已经排出，只有一部分或个别胎儿胎盘（牛、羊）残留在子宫内，从外部不易发现。

3. 诊断

主要根据是恶露排出的时间延长，有臭味，其中含有腐烂胎衣碎片。

4. 防治措施

（1）治疗

牛产后经过 12 小时，如胎衣仍不排出，应根据情况选用下列方法进行治疗。

治疗胎衣不下的原则是尽早采取措施，防止胎衣腐败吸收，促进子宫收缩，局部和全身抗菌消失，在条件适合时可用手工剥离胎衣。

① 药物治疗。向子宫腔内投药如土霉素、四环素、

青霉素、链霉素、磺胺类药物等，防止腐败，延缓溶解。

在胎衣不下的早期阶段，肌内注射抗生素。

母牛胎衣不下后，出现体温升高、食欲减少或废绝等全身症状时，应采取全身输液治疗，并结合子宫内灌注药液疗法。

在子宫内注入 5%～10% 盐水 3 毫升，可促使胎儿胎盘缩小，与母体胎盘分离。高渗盐水注入后须注意使盐水尽可能完全排出。

② 激素疗法。

a. 前列腺素。分娩后 8 小时尚未完全排出胎衣的母牛，在半腱肌处注射 25 毫升前列腺素，可使胎衣不下的发生率显著下降。

b. 催产素。肌内注射或皮下注射催产素，牛 50～100 国际单位，2 小时后可重复注射 1 次。催产素最好在牛产后 12 小时以内注射，超过 24～48 小时效果不佳。

③ 手术疗法。即剥离胎衣。胎衣不下的牛药物治疗无效时，可在子宫颈管尚未缩小到手不能通过以前（产后 2～3 天），进行剥离。

剥离胎衣的原则是，容易剥离就剥，不可强行剥离；胎衣不能完全剥净时，不如不剥。

患有子宫内膜炎和体温升高的病畜，不可进行剥离。

牛最好在 72 小时内进行剥离，剥离胎衣时动作要轻、要快，5～20 分钟内剥离，无菌操作，彻底剥离干净，严禁损伤子宫内膜。剥离后子宫内要放置抗生素等药物。

（2）预防　怀孕母畜要饲喂含钙及维生素丰富的饲料，尤其要重视维生素 A、维生素 D、维生素 E 的补充。

舍饲牛要适当活动，增强体质，产前 1 周减少精料。

奶牛定期防疫、检疫，做好布氏杆菌病、李氏杆菌病、胎儿弧菌病、结核病的防治。

分娩后让母畜自己舔干仔畜身上的黏液，尽可能灌服羊水，并尽早让仔畜吮乳或挤乳。

八、子宫内膜炎

子宫内膜炎是指子宫黏膜的急慢性炎症。以从阴门流出浆液性、黏液性或脓性分泌物等为特征。

1. 病因

以下情况子宫受到大肠杆菌、链球菌、葡萄球菌、棒状杆菌、变形杆菌、嗜血杆菌等病原菌的感染时均可引起急性内膜炎。

分娩和助产时消毒不严，产道受到损伤；胎衣不下、子宫脱出、流产；人工授精时器械消毒不严。

慢性子宫内膜炎多由急性炎症转化而来。

2. 临床症状

本病按病程可分为急性和慢性两种，有时尚可见到隐性子宫内膜炎。

（1）急性 病牛体温升高，精神沉郁，食欲、产奶量明显下降，反刍减少或停止。拱背、努责，从阴门排出黏液或脓性分泌物，病重者分泌物呈暗红色或棕色，恶臭，卧下时排出量增多。

（2）慢性 按炎症性质可分为慢性卡他性脓性子宫内膜炎和慢性化脓性子宫内膜炎。

慢性卡他性脓性子宫内膜炎，病牛精神不振，食欲减退，体温升高，发情周期不正常。从阴门流出黏稠混浊的黏液、灰白色稀薄脓液或黄褐色脓汁。直肠检查，子宫壁变厚。

慢性化脓性子宫内膜炎，病牛全身症状明显，体温升高，精神高度沉郁，食欲废绝。经常从阴门流出脓性分泌物，尤其卧下时排出特别多。常黏在阴门周围和尾根处，形成干痂。直肠检查，子宫壁厚而软，体积增大，触之有波动感。

（3）隐性 生殖器官无异常，发情周期正常，但屡配不孕，只有在发情时流出略带混浊的黏液。发情黏液中含有小气泡，有的病牛发情后从阴门流出紫红色的血液。

3. 诊断

急性化脓性子宫内膜炎可以根据临床症状及阴门排出的分泌物的性状确诊，慢性子宫内膜炎可根据临床症状、发情期分泌物的性状、阴道检查、直肠检查和实验室检查作出诊断。

4. 防治措施

（1）子宫冲洗　常用冲洗药液有生理盐水、1％～2％小苏打溶液、0.5％高锰酸钾溶液、0.1％雷夫努尔溶液、7％鱼石脂溶液等。如子宫颈口不开放，可先注射苯甲酸雌二醇等药物促使其开放。如子宫积脓，先将脓液排出后再冲洗。冲洗至排出液清亮为止。全身症状严重的病牛，为避免引起感染扩散，禁用冲洗法。

（2）子宫内给药　选用广谱抗生素如庆大霉素、卡那霉素、阿莫西林、土霉素、磺胺类药物等。直接将抗菌药物 12 克投入子宫，或用少量生理盐水溶解，做成溶液或悬浮液用导管导入子宫，每天 2 次。有全身症状的，静脉注射抗生素，如青霉素、链霉素等。

（3）激素治疗　使用催产素 20 单位，或雌二醇 8～10毫升，或氯前列烯醇 500 微克，肌内注射，可促进子宫收缩，促进子宫内渗出物排出。

九、皱胃变位

皱胃脱离正常位置，根据变位的位置分左方变位和右方变位两种。皱胃通过瘤胃下方移行到左侧腹腔，置于瘤胃与左腹壁之间称为皱胃左方变位。皱胃以逆时针扭转移位到网胃与膈肌之间或以顺时针扭转移位到肝脏与右腹壁之间，称为皱胃右方变位。

1. 病因

（1）皱胃左方变位 一般认为多由于皱胃弛缓或皱胃机械性转移所致。皱胃弛缓的原因有高产奶牛长期单一饲喂玉米、玉米青贮等饲料，分娩期努责、消化不良、皱胃炎、皱胃溃疡、胎衣不下等。

（2）皱胃右方变位 发生皱胃右方变位的主要原因是皱胃弛缓，但不限于妊娠或分娩的母牛，跳跃、起卧、滚转、分娩等体位或腹压发生剧烈改变是促发因素。

2. 症状

（1）皱胃左方变位 多发生于分娩之后，少数发生在产前 3 个月至分娩前。病牛食欲减退，反刍、瘤胃蠕动减弱或消失，排黑色黏粪便。一般体温、脉搏和心跳无明显变化。产奶量下降，瘦弱，腹围缩小，后期卧地不起。

视诊左腹肋弓部局限性膨大，在左侧最后 3 个肋骨的上 1/3 处叩诊同时用听诊器听腹侧膨大部，可听到钢管音。

（2）皱胃右方变位 患牛突发腹痛，蹴踢腹部，背腰下沉，呈蹲伏姿势。眼球下陷，脱水。体温正常或偏低，心跳次数增加至 100～120 次/分钟。瘤胃蠕动减少或停止。粪便带血呈暗黑色。皱胃充满气体和液体，右腹（皱胃）和左腹（瘤胃）膨胀。将听诊器放在右肷部，结合在右肷窝至倒数第 2 肋骨之间用手指叩击，听到高亢的钢管音。直肠检查，在右侧腹部摸到膨胀而紧张的皱胃。

3. 诊断

通过听诊、叩诊结合的方法，以特定部位出现钢管音结合膨胀部位穿刺液检查，作出诊断。

4. 治疗

如果是右方变位，必须尽早实施开腹手术进行整复。

（1）皱胃左方变位的治疗　皱胃左方变位的治疗，以促其复位或手术整复为原则，配合抗菌消炎、补液强心。

① 保守疗法。轻度变位的病牛，每天驱赶运动 1～2 小时或跑动 10 分钟，当皱胃弛缓有所改善时，可自行恢复。同时应静脉注射钙制剂、皮下注射新斯的明等拟副交感神经药和盐类泻剂，以增强胃肠的运动性，消除皱胃弛缓，促进皱胃内气体与液体的排空和复位。

② 滚转整复法。先让病牛饥饿数日，并限制饮水，使瘤胃的体积变小。使病牛呈左侧横卧姿势，然后再转成仰卧式，随后以背部为轴心，先向左滚转 45 度，回到正中，再向右滚转 45 度，再回到正中。如此来回地左右摇晃 3～5 分钟，突然停止，使病牛仍呈左侧横卧姿势，再转成俯卧式，最后使之站立，检查复位情况。

③ 手术整复法。术前禁食 24 小时以上；经口腔插入胃导管，导出瘤胃内液状内容物，以减轻瘤胃对左方变位

皱胃的压迫。

站立保定，手术部位在左侧腹壁，切口顶点为距腰椎横突下方 15 厘米、距最后肋骨后缘 6 厘米的交点处，垂直向下切开皮肤 15 厘米，打开腹腔，找到皱胃后，先穿刺放气，然后在胃大弯处，用 4 股粗而长的缝线缝 2 针（不能穿透黏膜层），分别从瘤胃下方通过，在右侧事先剪毛消毒的腹壁皮肤出针，将皱胃复位后，在右侧体外将 2 根线端逐渐收紧，打结。闭合腹腔。

术后禁饲，只有在出现反刍后才开始饲以少量优质饲草、饲料，特别注意少喂精料；术后 5～6 天内，每天肌注青霉素、链霉素，当有脱水症状时，应静脉补液并纠正酸碱失衡。

（2）皱胃右方变位的治疗　手术部位在右侧腹肋部中央，距腰椎横突下方 15 厘米，垂直向下切开腹壁长 20 厘米，导出腹腔积液，找到皱胃后，用连有胶管的针头穿刺排液、放气，纠正皱胃位置，并使十二指肠和幽门通畅，最后将皱胃浆膜和切口部腹膜一并缝合固定，以防止复发。

附录 1

肉牛饲养允许使用的抗寄生虫药、抗菌药和饲料药物添加剂及使用规定见附表 1。

附表 1　肉牛饲养允许使用的抗寄生虫药、抗菌药和饲料药物添加剂及使用规定

类别	药品名称	制剂	用法与用量（用量以有效成分计）	休药期/天
抗寄生虫药	阿苯达唑	片剂	内服，一次量 10～15 毫克/千克体重	27
	双甲脒	溶液	药浴、喷洒、涂擦、配成 0.025%～0.05%的溶液	1
	青蒿琥酯	片剂	内服，一次量 5 毫克/千克体重，首次量加倍，2 次/天，连用 2～4 天	不少于 28 天
	溴酚磷	片剂、粉剂	内服，一次量 12 毫克/千克体重	21
	氯氰碘柳胺钠	片剂、混悬液	内服，一次量 5 毫克/千克体重	28
		注射液	皮下或肌内注射，一次量 2.5～5 毫克/千克体重	
	芬苯达唑	片剂、粉剂	内服，一次量 5～7.5 毫克/千克体重	28
	氰戊菊酯	溶液	喷雾，配成 0.05%～0.1%的溶液	1
	伊维菌素	注射液	皮下注射，一次量 0.2 毫克/千克体重	35

续表

类别	药品名称	制剂	用法与用量 （用量以有效成分计）	休药期/天
抗寄生虫药	盐酸左旋咪唑	片剂	内服，一次量 7.5 毫克/千克体重	2
		注射液	皮下、肌内注射，一次量 7.5 毫克/千克体重	14
	奥芬达唑	片剂	内服，一次量 5 毫克/千克体重	11
	碘醚柳胺	混悬液	内服，一次量 7～12 毫克/千克体重	60
	噻苯咪唑	粉剂	内服，一次量 50～100 毫克/千克体重	3
	三氯苯唑	混悬液	内服，一次量 6～12 毫克/千克体重	28
抗菌药	氨苄西林钠	注射用粉针	肌内、静脉注射，一次量 10～20 毫克/千克体重，2～3 次/天，连用 2～3 天	不少于 28 天
		注射液	皮下或肌内注射，一次量 5～7 毫克/千克体重	21
	苄星青霉素	注射用粉针	肌内注射，一次量 2 万～3 万单位/千克体重，必要时 3～4 天重复 1 次	30
	青霉素钾（钠）	注射用粉针	肌内注射，一次量 1 万～2 万单位/千克体重，2～3 次/天，连用 2～3 天	不少于 28 天
	硫酸小檗碱	注射液	肌内注射，一次量 0.15～0.4 克	0
		粉剂	内服，一次量 3～5 克	
	恩诺沙星	注射液	肌内注射，一次量 2.5 毫克/千克体重，1～2 次/天，连用 2～3 天	14

续表

类别	药品名称	制剂	用法与用量 (用量以有效成分计)	休药期/天
抗菌药	乳糖酸红霉素	注射用粉针	静脉注射,一次量 3～5 毫克/千克体重,2 次/天,连用 2～3 天	21
	土霉素	注射液(长效)	肌内注射,一次量 10～20 毫克/千克体重	28
	盐酸土霉素	注射用粉针	静脉注射,一次量 5～10 毫克/千克体重,2 次/天,连用 2～3 天	19
	普鲁卡因青霉素	注射用粉针	肌内注射,一次量 1 万～2 万单位/千克体重,1 次/天,连用 2～3 天	10
	硫酸链霉素	注射用粉针	肌内注射,一次量 10～15 毫克/千克体重,2 次/天,连用 2～3 天	14
	磺胺嘧啶	片剂	内服,一次量,首次量 0.14～0.2 克/千克体重,维持量 0.07～0.1 克/千克体重,2 次/天,连用 3～5 天	8
	磺胺嘧啶钠	注射液	静脉注射,一次量 0.05～0.1 克/千克体重,1～2 次/天,连用 2～3 天	10
	复方磺胺嘧啶钠	注射液	肌内注射,一次量 20～30 毫克/千克体重(以磺胺嘧啶计),1～2 次/天,连用 2～3 天	28

续表

类别	药品名称	制剂	用法与用量 （用量以有效成分计）	休药期/天
抗菌药	磺胺二甲嘧啶	片剂	内服，一次量，首次量0.14～0.2克/千克体重，维持量0.07～0.1克/千克体重，1～2次/天，连用3～5天	10
	磺胺二甲嘧啶钠	注射液	静脉注射，一次量0.05～0.1克/千克体重，1～2次/天，连用2～3天	10
饲料药物添加剂	莫能菌素钠	预混剂	混饲，200～360毫克（效价）/（头·天）	5
	杆菌肽锌	预混剂	混饲，每1000千克饲料，犊牛10～100克（3月龄以下）、4～40克（3～6月龄）	0
	黄霉素	预混剂	混饲，30～50毫克/（头·天）	0
	硫酸黏菌素	预混剂	混饲，每1000千克饲料，犊牛5～40克	7

附录 2

附表 2 农业部公布的食品动物禁用兽药及其他化合物清单

序号	兽药及其他化合物名称	禁止用途	禁用动物
1	β受体兴奋剂类:克仑特罗、沙丁胺醇、西马特罗及其盐、酯及制剂	所有用途	所有食品动物
2	性激素类:己烯雌酚及其盐、酯及制剂	所有用途	所有食品动物
3	具有雌激素样作用的物质:玉米赤霉醇、去甲雄三烯醇酮、醋酸甲孕酮及制剂	所有用途	所有食品动物
4	氯霉素及其盐、酯(包括琥珀氯霉素)	所有用途	所有食品动物
5	氨苯砜及制剂	所有用途	所有食品动物
6	硝基呋喃类:呋喃唑酮、呋喃它酮、呋喃苯烯酸钠及制剂	所有用途	所有食品动物
7	硝基化合物:硝基酚钠、硝呋烯腙及制剂	所有用途	所有食品动物
8	催眠、镇静类:安眠酮及制剂	所有用途	所有食品动物
9	林丹(丙体六六六)	杀虫剂	水生食品动物
10	毒杀芬(氯化烯)	杀虫剂、清塘剂	水生食品动物
11	呋喃丹(克百威)	杀虫剂	水生食品动物
12	杀虫脒(克死螨)	杀虫剂	水生食品动物

序号	兽药及其他化合物名称	禁止用途	禁用动物
13	双甲脒	杀虫剂	水生食品动物
14	酒石酸锑钾	杀虫剂	水生食品动物
15	锥虫胂胺	杀虫剂	水生食品动物
16	孔雀石绿	抗菌、杀虫剂	水生食品动物
17	五氯酚酸钠	杀螺剂	水生食品动物
18	各种汞制剂,包括氯化亚汞(甘汞)、硝酸亚汞、醋酸汞、吡啶基醋酸汞	杀虫剂	动物
19	性激素类:甲基睾丸酮、丙酸睾酮、苯丙酸诺龙、苯甲酸雌二醇及其盐、酯及制剂	促生长	所有食品动物
20	催眠、镇静类:氯丙嗪、地西泮(安定)及其盐、酯及制剂	促生长	所有食品动物
21	硝基咪唑类:甲硝唑、地美硝唑及其盐、酯及制剂	促生长	所有食品动物

附录 3

生产绿色食品不应使用的药物目录

（摘自绿色食品兽药使用准则 NY/T 472—2013）

附表 3 生产绿色食品不应使用的药物目录

序号	种类		药物名称	用途
1	β受体激动剂类		克仑特罗、沙丁胺醇、莱克多巴胺、西马特罗、特布他林、多巴胺、班布特罗、齐帕特罗、氯丙那林、马布特罗、西布特罗、溴布特罗、阿福特罗、福莫特罗、苯乙醇胺 A 及其盐、酯及制剂	所有用途
2	激素类	性激素类	己烯雌酚、己烷雌酚及其盐、酯及制剂	所有用途
			甲基睾丸酮、丙酸睾酮、苯丙酸诺龙、雌二醇、戊酸雌二醇、苯甲酸雌二醇及其盐、酯及制剂	促生长
		具雌激素样作用的物质	玉米赤霉醇类药物、去甲雄三烯醇酮、醋酸甲孕酮及制剂	所有用途
3	催眠、镇静类		安眠酮及制剂	所有用途
			氯丙嗪、地西泮（安定）及其盐、酯及制剂	促生长

续表

序号	种类		药物名称	用途
4	抗菌药类	氨苯砜	氨苯砜及制剂	所有用途
		酰胺醇类	氯霉素及其盐、酯(包括琥珀氯霉素)及制剂	所有用途
		硝基呋喃类	呋喃唑酮、呋喃西林、呋喃妥因、呋喃它酮、呋喃苯烯酸钠及制剂	所有用途
		硝基化合物	硝基酚钠、硝呋烯腙及制剂	所有用途
		磺胺类及其增效剂	磺胺噻唑、磺胺嘧啶、磺胺二甲嘧啶、磺胺甲噁唑、磺胺对甲氧嘧啶、磺胺间甲氧嘧啶、磺胺地索辛、磺胺喹噁啉、三甲氧苄氨嘧啶及其盐和制剂	所有用途
		喹诺酮类	诺氟沙星、氧氟沙星、培氟沙星、洛美沙星及其盐和制剂	所有用途
		喹噁啉类	卡巴氧、喹乙醇、喹烯酮、乙酰甲喹及其盐、酯及制剂	所有用途
		抗生素类	抗生素类	所有用途
5	抗寄生虫类	苯并咪唑类	噻苯咪唑、阿苯咪唑、甲苯咪唑、硫苯咪唑、磺苯咪唑、丁苯咪唑、丙氧苯咪唑、丙噻苯咪唑(CBZ)及制剂	所有用途
		抗球虫类	二氯二甲吡啶酚、氨丙啉、氯苯胍及其盐和制剂	所有用途
		硝基咪唑类	甲硝唑、地美硝唑、替硝唑及其盐、酯及制剂等	促生长
		氨基甲酸酯类	甲奈威、呋喃丹(克百威)及制剂	杀虫剂

续表

序号	种类		药物名称	用途
5	抗寄生虫类	有机氯杀虫剂	六六六（BHC）、滴滴涕（DDT）、林丹（丙体六六六）、毒杀芬（氯化烯）及制剂	杀虫剂
		有机磷杀虫剂	敌百虫、敌敌畏、皮蝇磷、氧硫磷、二嗪农、倍硫磷、毒死蜱、蝇毒磷、马拉硫磷及制剂	杀虫剂
		其他杀虫剂	杀虫脒（克死螨）、双甲脒、酒石酸锑钾、锥虫胂胺、孔雀石绿、五氯酚酸钠、氯化亚汞（甘汞）、硝酸亚汞、醋酸汞、吡啶基醋酸汞	杀虫剂
6	抗病毒类药物		金刚烷胺、金刚乙胺、阿昔洛韦、吗啉（双）胍（病毒灵）、利巴韦林等及其盐、酯及单、复方制剂	抗病毒
7	有机胂制剂		洛克沙胂、氨苯胂酸（阿散酸）	所有用途

参考文献

［1］ 左福元， 徐恢仲 . 南方肉牛生产技术，贵阳： 贵州人民出版社，2006.

［2］ 牛钟相， 张洪本 . 实用肉牛疾病诊断与防治技术 . 北京： 中国农业科技出版社，1999.

［3］ 王根林 . 养牛学 . 北京： 中国农业出版社， 2006.

［4］ 王清义等 . 中国现代畜牧业生态学 . 北京： 中国农业出版社， 2008.

［5］ 包军 . 家畜行为学 . 北京：高等教育出版社， 2008.

［6］ 李如治， 家畜环境卫生学 . 第 3 版 . 北京： 中国农业出版社， 2003

［7］ 刘继军， 贾永全 . 畜牧场规划设计 . 北京： 中国农业出版社， 2008.